黏土科学及应用技术

陈　静　李凤生　郑水林　金叶玲　编著

科学出版社

北　京

内 容 简 介

本书从黏土研究及应用的角度出发,系统介绍了黏土矿物成因、分类、分布、晶体结构、表征及应用等内容,着重阐述了黏土应用基础研究和黏土资源开发的国内外进展,并以凹凸棒石黏土为例,列举并分析了我国黏土研究与产品开发的成功案例,为黏土资源的科学合理开发与应用提供了重要参考。

本书可供从事黏土相关领域的研究及技术人员参考,也可作为材料化学、材料科学与工程、矿物加工等专业本科生、研究生的教材或参考书。

图书在版编目(CIP)数据

黏土科学及应用技术/陈静等编著. —北京:科学出版社,2017.6
ISBN 978-7-03-053127-8

Ⅰ.黏… Ⅱ.陈… Ⅲ.黏土矿物 Ⅳ.P578

中国版本图书馆 CIP 数据核字(2017)第 114827 号

责任编辑:张淑晓 / 责任校对:高明虎
责任印制:吴兆东 / 封面设计:耕者设计工作室

科 学 出 版 社 出版
北京东黄城根北街 16 号
邮政编码:100717
http://www.sciencep.com
北京厚诚则铭印刷科技有限公司 印刷
科学出版社发行 各地新华书店经销
*
2017 年 6 月第 一 版 开本:B5(720×1000)
2023 年 2 月第二次印刷 印张:11
字数:220 000
定价:78.00 元
(如有印装质量问题,我社负责调换)

前　言

黏土和黏土矿物作为自然界中最常见的非金属矿产资源，已广泛应用于建筑、陶瓷、化工、石油、造纸、环保、医药等各个领域。在人类发展的历史进程中，人们对黏土和黏土矿物的认识、应用和研究不断进步与发展。

作为矿物学的新领域，黏土矿物学发展迅速，至 20 世纪 80 年代已发展成为新的综合性学科——黏土科学。在黏土科学基础理论和应用研究方面，日本、美国和苏联起步较早，著名的代表作有须藤俊男（日本）的《粘土矿物》和《粘土矿物学》、维库洛娃（苏联）的《粘土的电子显微镜研究》、C. E. 威维尔（美国）的《粘土矿物化学》、范·奥尔芬（美国）的《粘土胶体化学导论》等。在此期间，我国也先后有彭琪瑞等的《中国粘土矿物研究》、唐衡楚的《数种粘土矿物的比较研究》、孙维林的《黏土理化性能》、张乃娴的《粘土矿物研究方法》、张天乐的《中国粘土矿物的电子显微镜研究》等专著出版。但近 30 年来，适应现代科技发展的系统阐述黏土科学与应用技术的专著并不多见。

黏土矿物是我国的优势资源，其种类齐全、分布广泛。但近几十年来对黏土资源的"掠夺式开采、粗放式利用"造成了资源的极大浪费。加强黏土资源的科学开发和高效利用已成为社会共识，因此深化黏土科学研究和技术研发成为了迫切需求。目前，围绕现代工业和高科技领域对黏土等非金属矿原料提出的新要求和新用途，黏土产业也从原来简单粉碎和粗放加工为主逐步向功能化的精细加工方向发展。黏土复合材料、功能材料、结构材料的发展带动多学科相互交叉、渗透和融合，使矿物有机复合和合成矿物技术趋于成熟，跨学科合作导致了一些新兴边缘学科的出现，如分子筛工程、粉体工程、矿物界面工程等。特别是随着 20 世纪 90 年代纳米材料研究热潮的兴起，黏土作为一种天然微纳米材料，成为当今黏土研究和黏土资源开发应用的重点和热点。针对黏土微纳米结构单元的粒径、可控层间域、特殊孔道结构等一些独特性能的应用基础研究成为黏土科学及应用技术开发的重要组成部分，相关工作较好地支持了产业的发展。

本书是一本系统介绍黏土理论应用基础和开发应用技术的著作。作者长期从事黏土及黏土矿物的研究，书中吸纳了近年来国内外黏土及黏土矿物研究与应用的相关成果，特别是汇聚了作者及其团队多年来的研究与转化成果，也参考引用了国内外同仁的许多相关研究论文和专著。本书结合现代黏土科学和技术发展系统介绍了黏土矿物的成因和分类分布及开发现状；以蒙脱石、高岭石、凹凸棒石黏土等为代表，阐述了黏土的晶体结构及构效关系；结合现代检测仪器装备和检测手段，阐述了黏土的表征分析方法；在此基础上，着重阐述了黏土应用基础研究和黏土资源开发的国内外进展及深加工技术，并以凹凸棒石黏土为例，列举分析了我国黏土产品开发的成功案例。可以说，本书内容为黏土资源的科学合理开发与应用提供了重要参考。

全书共 7 章，陈静教授设计了大纲并负责了第 1～4 章、第 6 章、第 7 章的撰写及全书的统稿，第 5 章由丁师杰教授（5.1 节）、胡涛教授（5.2 节）、蒋金龙教授（5.3 节）、倪伶俐博士（5.4 节）、张立静博士（5.5 节）、王志辉博士（5.6 节）、周素琴博士（5.7 节）执笔，金叶玲教授指导协助。李凤生和郑水林两位教授负责全书整体框架和主要内容的把关审阅。徐晨红博士承担了书稿的汇总和编排工作。在此，谨向参与和支持本书编撰的同志及所引文献的作者致以诚挚的谢意。

由于作者水平有限，不妥之处在所难免，请广大读者批评指正。

作　者

2017 年 3 月于淮安

目　　录

第1章 绪 论

黏土矿物是涉及矿种多、用途最为广泛的非金属矿物，是非金属矿产的重要组成部分，广泛应用于造纸、陶瓷、塑料、橡胶、耐火材料、石化、节能、环保、新能源、新材料、农业、食品、医药等领域。

1.1 黏 土

黏土广泛存在于土壤、大气尘埃、江河湖海底部沉积物及沉积岩和风化的岩石中。黏土矿物的颗粒细小，常在胶体尺寸范围内，呈晶体或非晶状，大多数是片状，少数为管状、棒状。黏土矿物的化学组成、矿物组成和颗粒组成决定着黏土的可塑性、黏结性和触变性等工艺加工性能。

黏土在远古时期就被人类广泛使用，在建筑、日用品及文字承载等人类文明起源和发展上都发挥了不可或缺的作用。

1.2 黏土与生命起源

中国上古神话传说中，创世女神女娲以泥土仿照自己捏土造人（图 1-1），创造并构建人类社会；《旧约圣经》记载，上帝用黏土创造了第一个人亚当，《创世记》

图 1-1 女娲造人图

也称，人诞生于尘埃，死后也会回归尘埃，这些是学者从古希伯来语翻译过来的，这里的尘埃指的也是黏土或土壤；希腊神话记载，普罗米修斯从河岸抓起一大团泥土，然后用这些泥巴根据神的形象捏出了一个人，之后赋予这个泥人善恶和灵性，于是就有了后来的人类；除此以外，《古兰经》和其他造世说也均有类似"黏土造人"的说法。

康奈尔大学研究人员 2013 年在《科学报道》（网络版）上发表了一份报告，认为黏土可以作为使生命成为可能的复杂生化物质的第一温床，至少是使生命成为可能的复杂生化物质的起源地。他们发现，在模拟古代的海水中，黏土会形成水凝胶——可以吸附周围的其他无机矿物分子、有机小分子，形成像海绵一样的大量微小空间集合体，在包围活细胞的薄膜发育完全之前，黏土水凝胶起到了保护这一化学过程的作用。他们认为，在早期的地质年代里，黏土形成的水凝胶对生物分子和生物化学反应起到了禁锢作用。过去几十亿年里，被禁锢在这些空间里的化学物质可能发生了复杂的反应，从而形成了蛋白质、脱氧核糖核酸及最终形成活细胞的各种系统，直至发育出将活细胞包裹住的细胞膜为止。根据地质史，黏土首次出现的时间和生物分子开始形成细胞状结构的时间相同。上述工作或许能解答一个长期以来悬而未决的问题，即生物分子是如何进化的？研究表明，氨基酸和其他生物分子可能是在原始海洋中形成的，其能量的来源是闪电或火山口。但在浩瀚的海洋里，这些分子如何以足够高的频率聚集起来，从而组成更为复杂的结构呢？又是什么让这些分子免受恶劣环境条件的影响呢？黏土具有很强的生物亲和性，生物分子倾向于附着在黏土表面。一些理论研究也表明，细胞质即细胞内环境的工作原理与水凝胶很像。

黏土对众多有机合成反应都有不同程度的催化作用。研究发现，甲醛在有高岭石、云母存在下回流加热，可以合成糖类物质；以蛭石为介质，由异戊二烯可以合成具有异戊二烯化合物构筑的非环状聚合体等；以凹土为介质，芳胺可以发生脱甲基化反应。上述众多证据从另一个侧面印证，黏土在生命起源中可能发挥着重要的作用。

1.3　黏土与人类文明

1.3.1　建筑

黏土具有非常多的适合建筑施工的优点。黏土建筑就地取材，容易造型，价格便宜，经久耐用，并且可以任意处理而不会产生不良后果，还有防火、隔热、隔声、吸潮等优点，因此在土木建筑工程中使用广泛且历史悠久。黏土不仅在新石器时代遗址的各种建筑中可以找到，即使在现代社会建筑中也能广泛发现黏土的踪影（图 1-2），如中国的古长城、阿拉伯的多层建筑、波斯的庭院、非洲的清真寺及欧洲的半木房屋等。黏土在人类建筑中应用历史悠久，展现出千姿百态的功能和魅力，也反映出了各国不同的地理人文环境。

图 1-2 布达拉宫和现代夯土住家

黏土在建筑中的使用方法很多，一是把黏土制成土坯或砖后使用；二是把黏土夯实做墙，这是人类最古老的技术之一（图 1-3）。此外，黏土也常作为建筑材料之间的黏合剂。黏土砖分烧结砖和非烧结砖。非烧结砖又称土坯，将黏土用水泡散，加入稻草或者各种毛发等，拌匀以后装在用木板制成的模具里，用脚踩实或者用木板拍实，在开阔且阳光充足的地方晾晒，干透即可。烧结砖以黏土（包括页岩、煤矸石等粉料）为主要原料，经泥料处理、成型、干燥和焙烧而成。中国在春秋战国时期陆续创制了方形和长形烧结砖，秦汉时期制砖的技术和生产规模、质量和花式品种都有显著发展，世称"秦砖汉瓦"。夯土技术是将自然状态的黏土用于打垒分层夯实，形成结实、密度大且缝隙较少的压制泥块，用作房屋建筑。我国使用此技术的时间十分久远，从新石器时代到 20 世纪五六十年代一直在大规模使用，现在一些偏远地区仍然在使用此种方法。人们现在看到的万里长城、故宫、马王堆汉墓、秦始皇陵这些古建筑，它们的地基都是夯土。

图 1-3 夯土成墙和黏土制砖

黏土除了用于盖房子外，在输水管线、地面砖及一些建筑配件、装饰材料上也有非常广泛的应用。图 1-4 为我国汉代陶制排水管、专供一些重要宫殿场所地面铺设的"金砖"和古罗马高架水渠的实物图片。

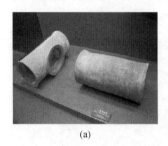 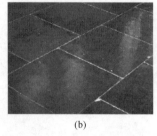 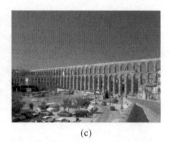

(a) (b) (c)

图 1-4　黏土的广泛应用

（a）陶制排水管；（b）"金砖"；（c）古罗马高架水渠

1.3.2　黏土与文化艺术

黏土赋予坯泥一定的可塑性，黏土还使釉料具有悬浮性和稳定性，这是黏土艺术加工的基础。陶瓷的产生和发展是中国灿烂的古代文化的重要组成部分。早在公元前 5000 年的新石器时代，人们就开始用普通黏土在很高的温度下烧制陶器，这是一种粗糙简陋的器皿，以后经过不断改进，到新石器时代的晚期，已经能造出比较光滑、质地较坚固而且具有不同颜色的陶器了，但它的缺点是容易渗水。到了奴隶社会的商代，人们已经发明了陶器上釉的技术，使陶器美观，而且不渗漏，不易被污染。同时，人们已经开始选择比较好的黏土来烧制瓷器了。黏土艺术品源远流长、驰名中外且丰富多样（图 1-5）。

(a) (b) (c) (d)

图 1-5　黏土艺术品

（a）秦始皇兵马俑；（b）古罗马陶雕；（c）现代瓷艺；（d）现代陶塑

大约 6000 年前，古巴比伦的人们开始制作黏土代币作为交易的记录，成为文明的开始。苏美尔人利用黏土作为书写材料 [图 1-6（a）]，所承载的楔形文字是公元前 2000 年到公元前 1000 年中期中亚的通用文字。北宋庆历年间（1041—1048 年），中国的毕昇发明了泥活字，标志着活字印刷术的诞生 [图 1-6（b）]。毕昇是世界上活字印刷术的第一个发明人，比德国人约翰内斯·古腾堡活字印刷术早了约 400 年。活字印刷术是我国对世界文明的卓越贡献，促进了文化的传播和发展。

(a)　　　　　　　　　　　　　　　　　(b)

图 1-6　苏美尔人利用黏土作为书写材料（a）和活字印刷（b）

1.3.3　黏土与日用品

北京大学考古博学院吴小红教授、张驰教授等于 2012 年 6 月 28 日在美国 *Science* 杂志上发表了关于"中国仙人洞遗址两万年陶器"的文章。用碳十四断代法检测确定，位于江西省万年县大源乡的万年仙人洞出土的陶器年代可以追溯到距今 2 万年前，比在东亚各地发现的最古老陶片还要早 2000～3000 年。殷商时期，青铜器成本高，只能为贵族享用，广大民众的各种生活器皿大多为陶器，因此商代制陶工艺得到普遍的发展。在我国，人们所公认的、真正意义上的瓷器产生于东汉时期。这一时期的瓷器已取代了一部分陶器、铜器、漆器，成为人们日常生活最主要的用具之一，被广泛用作餐饮用具、陈设品、文房用具、丧葬冥器等。唐代是真正进入瓷器的时代。宋代是我国陶瓷的鼎盛时期。图 1-7 为部分黏土日用品。

(a)　　　　　　(b)　　　　　　(c)　　　　　　(d)

图 1-7　部分黏土日用品

（a）罗马陶罐；（b）南宋官窑青瓷花瓣碗；（c）紫砂壶；（d）陶制炖锅

1.4 黏土与现代产业

黏土矿物材料是传统产业发展和技术进步的基础材料。非金属矿物资源的利用水平及其与金属矿产资源产值的比例是衡量一个国家工业化成熟度的重要标志。早在 19 世纪末，英国非金属矿物的产值就已超过了金属矿的产值；1934 年，美国的非金属矿物产值也已超过金属矿产值，到 70 年代，其非金属矿与金属矿产值之比达到 2：1。现代黏土应用不但在建筑、艺术、传统陶瓷上继续扮演着重要角色，而且随着时代进步，黏土产品也丰富壮大起来，逐渐呈现出技术含量高、应用领域广、附加值大等特点，在建材、化工、轻工、冶金、机械、交通、能源、电子等现代产业发展中发挥着重要作用。现代科技革命正在开创黏土材料广泛应用的新时代。

1.4.1 黏土是现代产业的基础材料

黏土矿物材料是传统产业发展和技术进步的基础材料。黏土材料与建材、化工、轻工、冶金、机械、交通、能源、电子等现代产业发展密切相关，见表 1-1。

表 1-1 现代产业中的黏土应用

序号	黏土	用途	应用领域
1	滑石、叶蜡石、伊利石、高岭土、云母、硅灰石、硅藻土、膨润土、皂石、海泡石、凹凸棒土等	填料和颜料	塑料、橡胶、胶黏剂、化纤、油漆、涂料、陶瓷、玻璃、耐火材料、阻燃材料、胶凝材料、造纸、建材等
2	石棉、高岭土、云母、滑石、硅灰石、硅藻土、蛋白石等	力学功能材料	石棉水泥制品、结构陶瓷、无机/聚合物复合材料、石墨轴承、密封环、润滑剂、汽缸垫片、石棉橡胶板等
3	石棉、蛭石、硅藻土、海泡石、凹凸棒石、云母、滑石、高岭土、硅灰石、沸石等	热学功能材料	保温涂料、耐火材料、镁碳砖、储热材料等
4	石英、蛭石、硅藻土、云母、滑石、高岭土、沸石等	电磁功能材料	电极糊、电导体、热敏电阻、电池、非线性电阻、陶瓷半导体、云母电容器、云母纸、电瓷、电子封装材料等
5	高岭土、膨润土、滑石等	吸波与屏蔽材料	护肤霜、防护服、保暖衣、塑料薄膜、消光剂等
6	沸石、高岭土、硅藻土、海泡石、凹凸棒石等	催化材料	分子筛、催化剂、催化剂载体等
7	沸石、高岭土、硅藻土、凹凸棒石、膨润土、皂石、滑石等	吸附材料	助滤剂、脱色剂、干燥剂、杀（抗）菌剂、水处理剂、空气净化剂、油污染处理剂、核废料处理剂、啤酒和食用油净化剂等
8	膨润土、皂石、海泡石、凹凸棒石、水云母等	流变材料	触变剂、防沉剂、增稠剂、凝胶剂、流平剂、黏合剂、清洗剂、钻井泥浆等

续表

序号	黏土	用途	应用领域
9	膨润土、海泡石、凹凸棒石、水云母等	黏结材料	冶金球团黏结剂、胶黏剂、铸模、黏土基复合黏结剂等
10	云母、叶蜡石、蛋白石等	装饰材料	珠光云母、观赏石、涂料、化妆品等
11	沸石、麦饭石、高岭土、硅藻土、海泡石、凹土、膨润土、滑石等	生物功能材料	药品及保健品、药物载体、饲料添加剂、杀（抗）菌剂、吸附剂、化妆品添加剂、化妆品等

1.4.2 黏土是高新技术发展中不可缺少的材料

21 世纪，人类进入了高新技术迅猛发展的时代，导致一大批新兴产业群的诞生，新产品开发日趋活跃，生产工艺不断创新，促使矿物材料逐步向超细化、功能化、高性能化和复合化方向发展，应用市场更加广阔。采用高新技术改造传统矿物材料，发展面向高新技术产业及增强国防实力需要的新型矿物材料，是以黏土为代表的非金属矿产业新的经济增长点。其中，以下发展方向尤为突出。

（1）作为高聚物复合材料，发挥增强、增韧，或满足特殊高聚物基复合材料阻燃、耐磨、抗菌、绝缘或导电、红外辐射和紫外吸收等功能的微纳米矿物超细、活性和特殊粒形微纳米填料。

（2）功效在于提升产品的高遮盖率、耐腐蚀、耐磨、耐高温、防污（抗菌）、辐射屏蔽、吸波、发光或消光等性能的不同成分、结构、晶形的纳米/纳米及纳米/微米复合填料或助剂。

（3）具有良好选择性、稳定性、无毒无害的高性能催化剂载体，以及农药载体、医药载体、抗菌剂载体和过滤净化助剂等生物化工功能材料。

1.5 黏土科学技术研发趋势

黏土矿物是我国的优势资源，但"掠夺式开采、粗放式利用"的生产模式造成了资源的极大浪费。提高资源的利用效率是黏土科学技术研发的首要重大任务。作为天然纳微米材料，黏土应用基础研究主要为针对黏土的纳微米的粒径、可控的层间域、特殊的孔结构等一些独特的结构与性质，通过结构改型和表面改性，提高矿物的表面反应性和经济附加值。

20 世纪 80 年代，非金属矿物材料科学和黏土矿物材料作为矿物学与材料科学的交叉，逐渐形成了独立的边缘分支学科及矿物材料产业，其兴起和发展与非金属矿物的应用、开发和材料科学与工程的快速发展密切相关。在基础理论和应用研究方面，欧美等发达国家和地区及苏联的非金属矿物材料研究及利用的兴起时间较早，英国是最早在大学开设"应用矿物学"课程的国家；苏联是最早提出"工艺矿物学"的概念，并重视应用矿物学的国家。英国马尔福宁等矿物学家在1987年就倡议应重视矿物材料学的研究和应用。在信息交流方面，国际上有 *Applied Clay Science* 和 *Clays and Clay Minerals*，国内有《硅酸盐学报》和《非金属矿》等专业杂志；国际黏土研究协会定期召开国际会议，国内2016年成立了中国硅酸盐学会矿物材料分会，上述组织的成立及交流活动，不仅推动了矿物材料工业的发展，还成为全球有关非金属矿物材料工业及科学研究的权威资料的重要来源。非金属矿物材料的基础研究是开发高性能或功能性非金属矿物材料和复合非金属矿物材料的重要理论和技术基础，其主要基础研究如下。

（1）纳米粒径或纳米晶非金属矿物材料的表面或界面性质、结构和原子构型、光学性质、磁性、电性、热性、吸附和反应或催化特性及其变化规律。制备工艺对其物化特性的影响。

（2）纳米/纳米、纳米/微米复合非金属矿物材料的界观结构和原子构型，复合组分的键合类型、表面吸附、反应或催化特性及其变化规律，材料的光、电、磁、热及吸波（声）等特性及其变化规律，复合工艺，复合层结构、类型等对其物化特性的影响，计算机辅助"核-壳"复合非金属矿物材料的成分、结构、性能计算。

（3）非金属矿物填料的晶体结构、晶型、化学成分、粒度大小和粒度分布、紧堆密度、颗粒形状、表面性质等与其填充性能和功能之间的关系，填料/高聚物界观作用模型与界面特性及其与材料性能的关系。依据填料特性的高性能复合材料的计算机设计和预测模型。

（4）架状、层状非金属矿物材料（如沸石、海泡石、凹凸棒石、膨润土、高岭土、蛭石、石墨、膨胀珍珠岩等）的孔道结构特征、孔径大小与分布、层间结构特征，孔道与层间域的物理、化学特性，阳离子交换特性，界面电性，在溶液中的分散性和触变性，吸附，化学反应与催化特性，储能及保湿（水）特性及其与环保功能的关系，高性能和高选择性环保吸附非金属矿物材料的计算机设计和预测模型。

（5）硅质矿物原料的产状、晶体结构、晶型、化学成分、气液包裹体分布特征对光电子材料性能的影响。

（6）不同类型黏土孔道结构特征、孔径大小与分布、孔隙率、孔道与重金属离子、烷烃类有机物、氨氮类化合物、酚类和醛类有机物的吸附、反应和催化特性；孔道结构再造方法及其影响因素。

黏土是非金属矿物材料的重要组成部分。当今，国内外黏土资源的技术开发研究主要围绕现代工业和高科技领域对黏土等非金属矿原料提出的新要求和新用途，从原来以原料初加工为主向精加工功能化方向发展。黏土复合材料、功能材料、结构材料的制备技术带动多学科相互交叉、渗透和融合，使矿物有机复合和合成矿物技术趋于成熟，跨学科合作导致了一些新兴边缘学科的出现，如分子筛工程、粉体工程、矿物界面工程等。目前，黏土产业技术开发主要围绕以下几个重点方向展开。

（1）保护和改善黏土等非金属矿物产品的纯化、纳米化、改性等产业技术，纳米孔道疏通工艺与设备，界面活化改性和复合工艺与设备，超细化研究，如径厚比、长径比、球形化率、纤维化参数等。层状硅酸盐矿物径厚比，如云母、高岭石、大鳞片石墨等矿物，纤维状硅酸盐矿物的长径比，如大长径比的硅灰石、海泡石等矿物，石英及膨胀珍珠岩的球形化，石墨等矿物的纤维化等。

（2）围绕黏土微纳米物料的产业化制备的分选技术、超细粉碎技术和精密分级技术。粒径 1mm 以下非金属矿物填料或颜料及纳米填料的工业化制备工艺和装备，表面处理工艺和装备，应用技术及装备；不同成分、结构、晶形的纳米/纳米及纳米/微米复合填料或颜料的工业化制备工艺和装备，应用技术及装备。

（3）不同矿物之间的协同作用、矿物的改性和改型、矿物晶体结构和畸变、矿物表面的键性和化合态等晶体化学参数在新材料中的作用更加突出。有机/黏土复合材料和黏土层间化合物的工业化插层工艺与装备，有机/无机复合工艺与装备及应用技术。

（4）沸石、膨润土、硅藻土、凹凸棒石、海泡石等这些具有层状、链层状、孔道结构的非金属矿在土壤改良、保肥保水、废水净化、除臭脱污等方面的应用研究越来越深入。

（5）节能降耗的加工技术、设备和工艺对黏土等非金属矿物材料的加工具有重要意义；蛭石、硅灰石、硅藻土、石棉等作为节能原料的应用研究受到高度重视。

第 2 章　黏土矿物的成因、分布及开发

2.1　黏土的产状

黏土矿物在自然界出现的状态（产状）有三种：①土壤及风化岩；②通过局部地下通道涌出的热液、温泉形成的岩脉、矿脉及因其蚀变的围岩；③现代沉积物及经历了地质时代的沉积岩。从这三种性状考虑，生成黏土矿物的作用为风化作用、热液沉积作用和成岩作用。

生成黏土矿物的母体有两个：一是溶液，二是既存岩石和矿物。前者是指矿物从溶液中生成沉淀，这时液体可来自地表水、地下水和海水等。热液状态不同于常温下的水溶液，可能会形成胶状液。因此，黏土矿物的热液形成不同于从水溶液中生成氯化钠离子晶体，可能是以硅胶、氧化铝溶胶及其他共沉淀胶体首先沉淀下来，然后逐步晶化的过程。在这里，压力、温度对晶化速度，也就是对黏土矿生成反应速率影响很大。因此，黏土矿物的生成条件取决于温度、压力、介质的 pH、介质的流动速度及环境的化学成分。风化作用则除了上述环境化学成分以外，还有气候条件、生物条件和地形条件的影响。上述各条件组合形成的综合环境决定了黏土矿物的形成，每种黏土矿物都有其最合适的生成环境。构成这种综合环境的各种因素相互间保持着密切的关系，孤立考察某一个因素没有实际意义。

热液又称汽水热液，是地质作用中以水为主体，含有多种具有高化学活性的高温热气融汇。在不同地质背景条件下，可形成不同组分不同来源的热液，温度多在 50～400℃，是后生地质活动的主要参与者和关键因素。热液与围岩发生界面化学反应逐步形成蚀变域。蚀变域常广泛发育而形成蚀变带。如果热液为间歇性喷发，则可能在已形成的蚀变带之上发生叠加蚀变。另外，火山岩注入时水蒸气及其他气体无处逃逸则可能发生火山岩自身蚀变等。大陆上的湖泊、沼泽及海底沉积物也是黏土矿物的产出场所。现有国内外数据显示，高岭石、蒙脱石族、云母黏土和绿泥石通常为海底沉积物的主要矿物成分，它们通常是共存的，多数情况下它们的含量与地区有关，很多例子都能说明黏土矿物是从大陆迁移而来的。沉积岩中的泥岩主要是由黏土矿物组成的，随着黏土矿物学的发展，沉积岩中的黏土矿物研究成为相关研究的一大支柱，促进了沉积岩岩石学的发展。此外，由于沉积岩孕育油田，黏土矿物与石油的成因有着密切的关系，探究黏土的成因和演化过程有助于找油和采油。美国的页岩油气开发已进入规模化生产阶段。图 2-1 为沉积岩形成示意图。

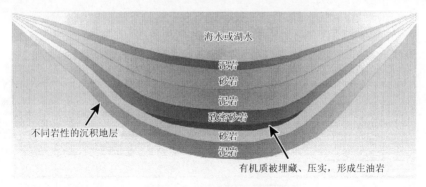

图 2-1　沉积岩形成示意图

2.2　沉　积　岩

沉积岩是自然沉积物凝结形成的岩石，多呈层状产出，是组成地球岩石圈的三种主要岩石之一（另外两种是岩浆岩和变质岩）。它们相互转化的示意图见图 2-2。

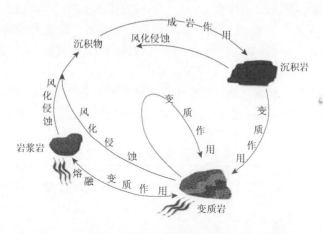

图 2-2　沉积岩、岩浆岩和变质岩相互转化示意图

沉积岩通常是在常温、常压环境下，由先成的岩浆岩的风化物质、火山喷出的碎屑物质、生物遗体及少量宇宙尘埃，经搬运、沉积和成岩等地质作用而形成的，见图 2-3。

沉积岩的外生和内生实际上是指盆地外和盆地内的两种成因类型。盆地外的主要形成陆源的硅质碎屑岩，但是陆地的河流等定向水系可将陆源碎屑物搬运到湖、海等盆地内部而沉积成岩；盆地内形成的内生沉积岩的造岩组分，除了有直接由湖、海中析出的化学成分外，也可能有一部分来自陆地的化学或生物组分。

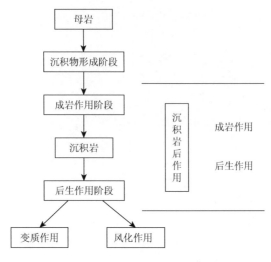

图 2-3 沉积岩的形成与演化

沉积岩大体可分为两类：①陆源碎屑岩，主要由陆地岩石风化、剥蚀产生的各种碎屑物组成，按颗粒粗细分为砾岩、砂岩、粉砂岩和黏土岩；②内积岩，主要指在盆地内沉积的化学岩、生物-化学岩，也可由风浪、风暴、地震和滑塌作用将未充分固结的岩石破碎再堆积，成为内碎屑岩。内积岩按造岩物质的化学组成分为铝质岩、铁质岩、锰质岩、磷质岩、硅质岩和碳酸盐岩（石灰岩、白云岩等）。此外，不同性质水流形成不同沉积岩，如浊流作用形成浊积岩、平流作用形成平流岩。母岩风化产物形成的沉积岩是最主要的沉积岩类型，包括碎屑岩和化学岩两类，见表 2-1。

表 2-1 沉积岩的来源及分类

沉积	（1）主要由母岩风化产物形成的沉积岩（按母岩风化产物的类型和其搬运沉积作用不同，再划分为两类）	碎屑岩	按粒度划分	砾岩
				砂岩
				粉砂岩
				黏土岩
		内积岩	按成分划分	铝质岩
				铁质岩
				锰质岩
				磷质岩
				硅质岩
				碳酸盐岩
	（2）主要由火山碎屑物质组成的沉积岩			火山碎屑岩
	（3）主要由生物遗体组成的沉积岩		按可燃性划分	可燃生物岩
				非可燃生物岩

碎屑岩根据粒度细分为砾岩、砂岩、粉砂岩和黏土岩（图 2-4）。砾岩是粗碎屑含量大于 30%的岩石，绝大部分砾岩由粒度相差悬殊的岩屑组成。砂岩在沉积岩中分布仅次于黏土岩，它是由粒度在 0.1~2mm 的碎屑物质组成的岩石。砂岩中砂含量通常大于 50%，其余是基质和胶结物，碎屑成分以石英和长石为主，其次为各种岩屑及云母、绿泥石等矿物碎屑。0.01~0.1mm 粒级的碎屑超过 50%的砂岩称粉砂岩，以石英为主，常含较多的白云母，钾长石和酸性斜长石含量较少，黏土基质含量较高。黏土岩是沉积岩中分布最广的一类岩石，其中黏土矿物的含量通常大于 50%，粒度在 5μm 以下，主要由高岭石族、多水高岭石族、蒙脱石族、水云母族和绿泥石族矿物组成。

(a)　　　　　　　　(b)　　　　　　　　(c)　　　　　　　　(d)

图 2-4　碎屑岩分类

（a）砾岩；（b）砂岩；（c）粉砂岩；（d）黏土岩

火山碎屑岩是火山碎屑物含量占 90%以上的岩石，火山碎屑物质主要有岩屑、晶屑和玻屑，因为火山碎屑没有经过长距离搬运，基本上是就地堆积，因此，颗粒分选和磨圆度都很差。火山碎屑岩是介于火山岩与沉积岩之间的岩石类型，有向熔岩过渡的火山碎屑熔岩类和向沉积岩过渡的火山碎屑沉积岩类。生物遗体可组成可燃性（如煤及油页岩）和非可燃性两种生物岩。

常见的碳酸盐岩有石灰岩和白云岩，是由方解石和白云石等碳酸盐矿物组成的。碳酸盐岩中也有颗粒，陆源碎屑称为外颗粒；在沉积环境以内形成并具有碳酸盐成分的碎屑称为内碎屑。不同类型沉积岩石的化学成分差别很大，如石灰岩以钙镁碳酸盐为主，砂岩以 SiO_2 为主，黏土岩（泥质岩、泥岩）则以铝硅酸盐为主。在结构构造方面，沉积岩具有独特的碎屑结构、泥状结构、层理层面构造和发育的孔隙，这些是岩浆岩所没有的。

沉积岩的体积只占岩石圈的 5%，但其分布面积却占陆地的 75%，大洋底部几乎全部为沉积岩或沉积物所覆盖。沉积岩不但分布极为广泛，而且记录着地壳演变的漫长过程。目前已知，地壳上最老的岩石，其年龄为 46 亿年，而沉积岩圈中年龄最大的岩石就有 36 亿年（俄罗斯科拉半岛）。沉积岩中蕴藏着大量的沉积矿产，如煤、石油、天然气、盐类等，而且铁、锰、铝、铜、铅、锌等矿产中的沉积类型也占有很大比例。沉积岩分布地区又是水文地质和工程地质的主要场所。

2.3　黏土矿物的成因及组分变化

以下结合我国黏土产状，介绍黏土的成因及带来的组分变化。

2.3.1　沉积成因的黏土矿物

黏土矿物是构成黏土的主体矿物，在各种类型的沉积物和沉积岩中普遍存在。黏土矿物也是沉积岩中为数最多的矿物，估计占这类岩石中矿物的 40%。

1. 沉积型高岭石

我国沉积成因的高岭石主要分布于古生代以后的地层中，尤以含煤岩系及某些地区古近系—新近系和第四系沉积物中较为丰富。我国有五个成煤时代：晚石炭世、早二叠世、晚二叠世、晚三叠世、早侏罗世—中侏罗世。煤系中沉积高岭石的物质来源有三个：①高岭石的陆源碎屑物，在水盆地中再沉积而成，这只占很小数量；②化学风化的硅铝胶体，在水体中沉淀结晶并经成岩作用而成；③火山灰屑（以玻璃质为主）溅落于成煤盆地中，经水解改造并沉积而成，这些夹层既是火山活动的记录，又是煤层对比和地层划分的基准层。在我国，一些花岗岩分布区及其邻区的古近纪—新近纪或第四纪地层中，常富集高岭石，主要来自花岗岩的风化物。它与石英、云母、长石等碎屑物及部分硅铝胶体，经较短距离的搬运和分选，在河漫滩、河口、湖沼、海湾等地沉淀堆积，成为比较松散的黏土或黏土岩。这些含高岭石的沉积层厚度、分选程度及矿物组分等变化都很大。既可以形成细粒的分选好的成分比较单一的高可塑性高岭土，又可形成含大量石英石碎屑的砂状高岭土。此类型有吉林舒兰水曲柳的湖相古近系—新近系、福建南安、龙海一带河口-海湾相的第四系、广东清远的湖相第四系及广西合浦的湖相上古近系—新近系中的高岭土。广东茂名地区新近系中新统中所产高岭石似乎与上述产状有些差别。它赋存于松散的砂砾岩、砂岩和砂质泥岩中，岩石中的主要成分为石英砂，高岭石则以黏结物的形式存在。

2. 沉积型伊利石和伊利石/蒙脱石混层矿物

随着埋藏深度的加大、压力和地温的增高、层间水的释放及层间阳离子的移出，黏土矿物的重结晶及黏土矿物发生转化。地质时代越早，伊利石和绿泥石的含量越多，而高岭石和蒙脱石（montmorillonite）越少。元古宙和早古生代中缺乏高岭石和蒙脱石，而以绿泥石和伊利石为主，这反映了泥质页岩中黏土矿物在埋藏成岩作用中的变化趋势。伊利石矿物几乎遍及所有含泥质的沉积岩，以下古生代寒武系、奥陶系及志留系地层最为丰富。除少量石英等碎屑矿物外，广泛分布于其中的页岩主要由伊利石组成，时常含有绿泥石。其他时代的泥质岩石中也普遍含有伊利石，但含量变化很大。在华北和西南地区的石炭—二叠系中，都产出一种几乎是单矿物的伊利石黏土岩。它们常以煤层夹矸的形式存在。在广西南丹型泥盆系泥质岩中，黏土矿物也基本是伊利石，含很少的高岭石和绿泥石。在中生代、新生代的地层中，较纯的伊利石黏土岩较为少见。广布于中国西北地区的第四系黄土，其中的黏土矿物多是碎屑伊利石（水云母），其次是绿泥石。

蒙脱石是一种典型的以水合阳离子及水分子作为层间物的 2∶1 型黏土矿物，随着埋深的增加、温度的升高、压力的加大，蒙脱石将有一部分层间水脱出，造成某些层间塌陷，导致晶格的重新排列和碱性阳离子的吸附。如果孔隙水为酸性，首先形成蒙脱石-伊利石混层矿物，进而转变为伊利石；如果孔隙水为碱性介质且有 Fe^{2+} 或 Mg^{2+} 存在，则首先转化为蒙脱石-绿泥石混层，进而转化为绿泥石。

不规则的伊利石/蒙脱石混层矿物比较普遍地分布于中生代、新生代的黏土岩层中。我国多个含油气盆地中，由地表到深部的剖面多数存在着由蒙脱石—伊利石/蒙脱石间层矿物—伊利石的正常矿物转化系列。在伊利石/蒙脱石混层矿物中，蒙脱石晶层的含量从浅部到深部也逐步由多到少。在中国东部的含油气盆地中，不规则伊利石/蒙脱石混层矿物多分布在 500m 以下的古近系-新近系中或 100～200m 的白垩系中。

3. 沉积型蒙脱石

我国绝大多数蒙脱石多以火山沉积型为主，这种蒙脱石几乎无例外地由火山玻璃在水盆地的碱性介质中水解脱玻转化而成。火山玻璃可以认为是非晶质过冷却的铝、硅质的固态液相，在漫长的地质历史中，其必定朝着脱玻结晶方向演变。当处在无水环境中时，它将演变成云母类、长石类、方英石、鳞石英等稳定矿物；处在有水介质中时，经水解脱玻，向沸石类、蒙脱石、高岭石或埃洛石类矿物转化。

我国大规模的火山喷发及强烈的断裂变形发生于燕山构造期。中国东部，浙、闽、赣一带的陆相火山岩厚度可达 8000～9000m。火山碎屑和凝灰沉积物堆积在由断裂活动形成的众多断陷盆地中，为蒙脱石的形成创造了良好的环境。所以，我国陆相火山沉积蒙脱石集中分布于东部，黑龙江海林、内蒙古兴和、辽宁黑山、河南信阳、浙江临安和安吉、江苏江宁等著名产地的膨润土均属此类。这些膨润土的分布严格受断陷盆地的限制，具有成层构造，但其厚度和层数变化都很大。由于原始成分及水介质条件不完全相同，再加上后期气候及水文环境的改造，所以蒙脱石层间离子类型不同，上述大多数矿点产出为钙质，但辽宁凌源的热水汤以钠质蒙脱石为主，黑山及兴和等地的深部也有钠质蒙脱石产出。海相火山沉积的蒙脱石在我国也有产出，比较著名的是天山地槽带的新疆托克逊所产的钠-钙质蒙脱石，且规模很大。

除了由火山玻璃演变为蒙脱石以外，尚有其他的铝硅酸矿物转化为蒙脱石，它的转化机理与火山玻璃的转化机理基本相同——水解、水合过程。其转化过程的两个基本因素是成矿物质的化学成分和介质的 pH 条件。大量事实表明，在有利条件下，几乎所有的铝硅酸盐矿物，长石、云母、角闪石、辉石、橄榄石乃至夕卡岩矿物等都可以转化为蒙脱石，但蒙脱石的转化速度取决于它们被水淋蚀的时间和转化的物化环境条件。硅酸盐矿物转化成蒙脱石还是高岭石与水解（或碳酸化）条件有关。典型产地与赋存地层为甘肃金昌下二叠统、四川三台下白垩统、四川双流、寿县等地的侏罗系、湖南澄县古近系始新统及陕西洋县第四系更新统等。除金昌的蒙脱石（膨润土）赋存于含煤岩中外，其余均产于正常的湖相及河相碎屑岩中，蒙脱石往往是沉积晚期及成岩期的产物，其介质环境具有一定的盐度，pH 较高。

4. 现代盐湖和海洋中的黏土矿物

我国盐湖和咸水湖沉积层中黏土矿物的含量变化较大，但多数集中于 5%～20%。这些黏土矿物是碎屑物的重要组成部分，共生成分以伊利石和绿泥石为特征，二者普遍存在于各个湖区，但伊利石的含量大大超过绿泥石。分布较普遍的还有蒙脱石矿物，高岭石含量少而且分布不普遍，在某些盐湖剖面中，各种黏土矿物的含量存在一定的趋势。高岭石主要存在于盐湖未成盐阶段的沉积物中，蒙脱石在未成盐阶段普遍存在，成盐阶段含量减少甚至消失。而绿泥石的含量则在成盐阶段有所增加，这说明在盐湖发展过程中随着介质环境的改变，黏土矿物发生了一定的改造作用。据目前已有资料，我国近海沉积物中的黏土矿物与上述盐湖沉积物有相似之处。无论是渤海、黄海，或是东海、南海，沉积物中的黏土矿物均以伊利石为主，其次是绿泥石和/或高岭石，蒙脱石及伊利石/蒙脱石间层矿物则含量很少或没有。这些黏土矿物基本属陆源碎屑成因。

2.3.2　蚀变成因的黏土矿物

蚀变作用指流体或热液作用于岩石时，导致岩石中部分或全部原矿物的消失和新矿物的形成，即原岩中某些物质部分或全部带出和新物质带入的交代作用，在矿床学上这种交代作用通常称为蚀变作用。热液矿床的矿体周围岩石（简称围岩）经常伴生这种蚀变作用。我国东部的环太平洋板块陆缘火山带，从东北的吉林、华北内蒙古东部，直到华南的浙、闽、赣诸省，火山活动和热液的蚀变交代作用使岩石中的碱、碱金属及部分硅铁质、铝质相对富集，从而广泛形成了含水富铝的黏土矿物。其中最为丰富的是叶蜡石，其次是高岭石和地开石、绢云母与伊利石矿物。叶蜡石、高岭石、绢云母等矿物既可以单独集成矿带，也可以互相混层。总的看来，蚀变温度高时，易形成叶蜡石及绢云母，密度低时则易形成高岭石类矿物及伊利石。我国这类矿物的产地，以叶蜡石为主的有福建的峨眉寿山、闽清，浙江的青川、泰顺，内蒙古呼伦贝尔等。以高岭石和地开石为主的有内蒙古巴林，吉林长白，浙江上虞、临海等。以绢云母-伊利石为主的有浙江温州、诸暨等。

现代热泉蚀变形成的黏土矿物与第四系火山活动和地热有关，我国西南的云南腾冲和西藏羊八井地区是现代热泉交代蚀变围岩而成的。被交代的主要是长石类矿物，生成的黏土矿物以高岭石、地开石、绢云母及伊利石/蒙脱石间层矿物为主，共生的非黏土矿物为石英、蛋白石、明矾石等，蚀变矿物有明显的分带性。

金属矿床围岩蚀变带的黏土矿物分布也较为广泛，尤以我国南方各省与热液作用有关的金矿、铀矿、斑岩铜矿及多金属矿区产出为多。黏土矿物的种类以水云母矿物最多，其次是地开石、高岭石、蒙脱石等。这些矿物也往往显示分带性。

2.3.3　风化成因的黏土矿物

除了广布于全国各地区土壤中的黏土矿物外，我国风化成因的黏土矿物集中分布于风化型高岭土和膨润土中。

风化型高岭土还可分为两类：一类是风化残积型高岭土；另一类是淋滤堆积型高岭土。这两类土的组成矿物有较大的差异。残积高岭土广泛分布于我国南方各省区，以燕山期的花岗岩及伟晶花岗岩为最多，如著名的江西景德镇一带由白云母风化成的高岭土。风化而成的高岭土的黏土矿物以不规则片状高岭石及埃洛石为主，其次为伊利石，常出现少量水铝石，有时可见蒙脱石和伊毛缟石。伴生矿物是母岩中残留的石英、长石等，黏土矿物的种属分布取决于原矿物特征、风化程度及水文状况等多种因素。与前述岩浆岩的风化产物不同，长石风化后的产物主要是叠层状的高岭石，其次为伊利石，而很少出现埃洛石。

埃洛石又称多水高岭石，俗称羊油矸，是典型的风化作用产物。埃洛石与高岭土在晶体结构上的区别，一是管状构造，一是片状构造，化学成分十分类似。埃洛石黏土细腻、杂质低；可用于高档陶瓷、电瓷、坩埚和耐火材料的生产。川、黔、滇交界处的埃洛石矿俗称"叙永石"，产于上二叠统乐平组龙潭页岩和下二叠统阳新组茅口灰岩的喀斯特侵蚀面间。成矿母岩为上二叠统乐平组含黄铁矿的高岭石黏土岩。母岩在风化淋滤期间经历了以下变化：①黄铁矿氧化成针铁矿；②高岭石从有序向无序转化，最终转变成埃洛石；③锐钛矿作为稳定相残留富集于剖面上部。形成的矿物组合以埃洛石为主，包括伊利石、伊利石/蒙脱石混层矿物、三水铝石、三羟铝石、石膏、水铝英石和石英。川、黔、滇交界处西起四川的长宁、琪县，东至贵州的仁怀、遵义一线，呈北西—南东向广泛分布着风化淋滤型埃洛石矿，尤以四川的叙永、古蔺一带为最典型。

我国产出的风化型膨润土的母岩多为侏罗系和白垩系的中酸性火山岩。岩石中富火山玻璃，多孔隙，利于风化淋滤作用的进行，有不明显的分带性。近地表往往为含氧化铁较高的杂色、紫红色膨润土，向下为浅色较纯的膨润土，再向下即为含母岩残块的膨润土。风化的蒙脱石有与高岭石、沸石等伴生的。由于淋滤作用，蒙脱石层间离子以钙为主，深部出现较多的钠。我国最典型的风化残积型膨润土为吉林九台所产。

2.3.4　凹凸棒石黏土的成因

大量的实际资料已经证实，整个白垩纪和古近纪-新近纪期间是世界陆相凹凸棒石黏土的主要形成时期，它们分布在地中海沿岸干旱气候带的北纬 20°～40° 和南纬 10°～35°，凹凸棒石是半干旱或季节性干旱条件的重要标志矿物。中国凹凸棒石黏土的成因类型可以分为热液型和沉积型。热液型矿点发现很多，但一般规模很小，呈脉状产出，通常产于蚀变火山凝灰岩、蚀变花岗岩、蛇纹岩、大理岩和热液矿脉中，形成工业矿床的不多，其中以安徽全椒、贵州大方和四川洛表最为著名。

沉积成因的凹凸棒石主要分布在中国中部和东部一些大地构造单元的结合部，特别是华北地台周围与秦岭、祁连地带众多的中生代、新生代盆地内，较多产出含凹凸棒石的黏土岩。以苏皖地区为例，上新统分布着的是一群孤立小盆地，如安徽嘉山-涧溪、来安-张山，盱眙花果山、龙王山、六合小盘山-黄冈等，它们均为面积仅几平方千米的封闭型湖盆，而且在新近纪处于干旱、半干旱的气候环境。在这群浅水湖盆中，随着玄武质沉积物的水解，使湖水的 pH 提升为 8～11，在碱性水体中，大量 Si、Mg、Al 等元素从玄武质岩石中溶出。硅初始以单分子正硅酸 H_4SiO_4 的形式存在。随着水体中阳离子（Mg^{2+}、Al^{3+}）含量增加，SiO_2 溶解度降低，逐渐产生氧化硅溶胶和氧化铝溶胶，在有镁离子（Mg^{2+}）的参与下，当 SiO_2 与 Al_2O_3 分子比达到 4～5 时，蒙脱石开始形成，随着蒙脱石的析出，水体中 Al^{3+} 浓度逐渐降低。当形成富硅、富镁、贫铝的碱性水体时，则生成凹凸棒石（只有长期保持这种特殊水化学环境的湖泊中，才能产出凹凸棒石）。上述矿物的生成条件，也决定了在这种成因的矿床中，凹凸棒石必然会与蒙脱石共生。层状结构的蒙脱石生成在先，促使水体降铝，提高了硅、镁浓度，有利于链层状结构的富镁矿物——凹凸棒石产出。两种结构不同的硅酸盐矿物，若无外界环境的剧烈改变，一般是不会相互转化的。

根据产出特征可以将凹土分为下述两种：①与玄武岩有关的凹凸棒石。已知分布于苏皖交界处盱眙、嘉山及六合一带的新近系上新统湖相地层中。含凹凸棒石黏土岩位于沉积层的上部，其上下均有玄武岩产出。凹凸棒石的伴生矿物主要是蒙脱石、伊利石、石英、蛋白石、白云石、方解石等，偶见海泡石，岩石中凹凸棒石含量变化较大，含量多时可构成凹凸棒石黏土岩，并形成一定规模的矿床。内蒙古贵乌拉一带古近纪—新近纪的含玄武岩地层中，也有含凹凸棒石的岩层产出，产状可能与苏皖产的凹凸棒石相似。②干旱气候湖相的凹凸棒石。已知分布于河北阳原、山西天镇、甘肃天水、青海西宁一带。含凹凸棒石的岩层可厚达数十到数百米，由黏土岩、白云岩及其过渡岩石组成。岩石中的黏土矿物主要是伊利石，其次是较富镁的二八面体绿泥石、蒙脱石和少量方解石，凹凸棒石时有时无，含量一般不高。以上矿物的有序度不高，是典型的干旱区半咸水湖相沉积，个别层位还发现了石膏层。

2.4　黏土矿物资源的开发现状

黏土资源广泛存在于沉积岩、沉积物及各类土壤中，地壳中一半或一半以上的黏土矿物是伊利石，按含量相对多少的顺序为：蒙脱石、混层伊利石-蒙脱石、绿泥石、混层绿泥石-蒙脱石、高岭石、绿坡缕石及海泡石。我国是黏土矿物品种比较齐全、资源比较丰富、质量比较优良的少数国家之一，多种黏土储量居世界前列，在世界黏土产业经济中占有举足轻重的地位。

2.4.1　高岭土

我国的高岭土矿床类型有风化壳型、热液蚀变型和沉积型三种，以风化壳型最重要，如广东和福建的高岭土矿区。成矿时代主要为中生代和新生代，古生代也有矿床形成。已查明储量的高岭土矿床分布于全国 25 个省（自治区、直辖市），矿点有 700 多处，对 200 处矿点探明储量为 30 亿 t，矿点较为分散。查明资源储量在亿吨以上的省份依次是广西（80346.79 万 t）、广东（57293.29 万 t）、陕西（38251.20 万 t）、福建（16891.41 万 t）、江西（16152.66 万 t）和湖南（12302.42 万 t）。已发现的高岭土矿床，以中小型为主，在全国 472 个矿区中，查明资源储量超过 200 万 t 的大型矿床为数不多，主要矿区有：广西合浦高岭土矿区，总资源储量近

5 亿 t；广东茂名高岭土矿区，资源储量 3.6 亿 t；福建龙岩高岭土矿区，资源储量 5400 万 t；其他大型矿区还有江苏苏州、江西贵溪和湖南醴陵等。

从矿石质量来看，优质高岭土资源短缺，大部分为陶瓷用高岭土，Al_2O_3 品位一般为 20%左右，陶瓷高岭土占全国总储量的 49.9%。其中，广东茂名高岭土主要用于造纸，江苏苏州和广东湛江主要用于石化催化剂领域，福建龙岩为高档陶瓷原料。我国高岭土矿山企业有 456 家，包含加工企业 600～800 家，年产量 600 多万吨。主要消费结构如图 2-5 所示。

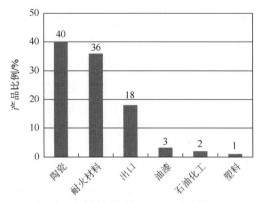

图 2-5 我国高岭土市场主要产品比例

据美国地质调查局资料，2002 年世界高岭土探明储量大约 320 亿 t，其中，美国 86 亿 t 居第一位，主要是佐治亚州一条绵延 800km 的矿带，其含量占美国的 70%～80%，资源非常丰富。世界高岭土产业分布如图 2-6（a）所示。世界高岭土储量虽然不小，但大多只适合制造陶瓷或填料，真正适合于纸和纸板涂料

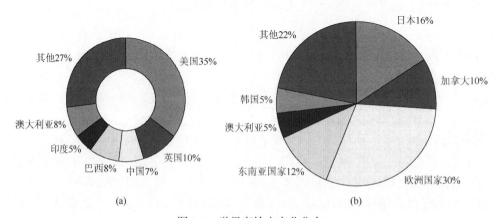

(a) (b)

图 2-6 世界高岭土产业分布

（a）世界主要高岭土分布；（b）世界主要高岭土市场

应用的天然单片状高岭土资源并不多见。有资料表明，全世界涂料用高岭土资源早已十分紧张，原最著名的英国 ECC 公司在英国本土康沃尔郡已基本无矿可采。近些年来，巴西高岭土的发展势头十分迅猛，虽然储量不大，但是矿石集中，含矿量高，矿物天然品质好，在国际市场已逐步取代英国成为世界第二号出口强国。世界高岭土市场规模分布如图 2-6（b）所示，欧洲仍然是世界第一大市场。

耐火黏土又称无序高岭石。以高岭石为主要矿物成分的天然硅酸铝质材料，耐火度大于 1580℃，由硅酸盐质岩石风化作用形成，是最基本、最常用的耐火原料。中国耐火黏土资源丰富，总保有储量 21 亿 t。探明储量的矿区有 327 处，分布于全国各地。以山西耐火黏土矿最多，占全国总储量的 27.9%，其次为河南、河北、内蒙古、湖北、吉林等省（自治区、直辖市）。按成因矿床可分为沉积型（如山西太湖石、河北赵各庄、河南巩县、山东淄博耐火黏土矿等）和风化残余型（如广东飞天耐火黏土矿）两大类，以沉积型为主，储量占 95% 以上。耐火黏土主要成矿期为古生代，中生代和新生代次之。

高岭土的进口国家相对分散。经济越发达的国家，高岭土的消费量越大。据测算，日本的高岭土年需求量约为 130 万 t；加拿大本身不产高岭土，其每年 81 万 t 的需求全部由美国进口解决；亚洲的东南亚各国年需求量为 98 万 t ［图 2-6（b）］。

2.4.2　膨润土

膨润土是一种以蒙脱石为主的黏土。根据所含可交换阳离子的种类及含量等，可分为钠基、钙基、镁基和铝（氢）基等膨润土，商业膨润土主要是钠基和钙基。漂白土是一种几乎完全由蒙脱石组成的高亮度高纯白色钙基膨润土。

世界膨润土资源丰富但分布不均衡，主要分布在环太平洋、环印度洋和地中海—黑海一带，主要资源国或地区有美国（37%）、独立国家联合体（22%）、中国（16%），意大利、希腊、日本等其他国家约占 15%。据美国矿业局（United States Bureau of Mines）统计，世界膨润土查明资源量为 14.52 亿 t（不包括中国）。其中钠基膨润土不足 5 亿 t，主要产地为美国怀俄明州等地，俄罗斯、意大利、希腊和中国也有分布。天然高白度膨润土主要产地为美国得克萨斯州和内华达州、土耳其的安卡拉、意大利的沙丁尼亚和摩洛哥等。美国膨润土开发时间长，怀俄明州已有 70 多年开采史，资源渐趋枯竭；意大利的膨润土已开采殆尽，日本和东南亚各国产量有限，每年都大量进口原矿土。

我国膨润土资源丰富，资源总量达 70 亿 t 以上，种类齐全，分布广泛，但以广西、新疆和内蒙古为多。据现有资料统计，我国发现的膨润土矿床（点）有 400 多处，分布于 26 个省份的 80 多个县（市），以钙基膨润土为主（占总储量的 80%以上），兼有钠基膨润土及铝基膨润土等。1974 年，在浙江临安平山发现了我国第一个大型钠基膨润土矿。它促进了我国对蒙皂石矿物测试与研究水平的提高。我国膨润土矿床类型可分为沉积型、热液型和残积型三种，以沉积（含火山沉积）型为最重要，储量占全国储量的 70%以上。根据我国膨润土矿产分布的特征，可分为五个主要矿带、四个主要产区。五个主要矿带为：①第一矿带由黑龙江的宾县呼兰起，经吉林省的德惠、九台、双阳、梨树到法库、彰武，经阜新、黑山、北票、义县、朝阳、锦西，再经建平、凌源进入华北，然后经张家口、怀来通过山西、陕西延伸到四川；②第二矿带由山东的青岛、胶县、潍坊、淄博、五莲，经河南的商丘、信阳，延伸到湖北的襄阳、鄂州；③第三矿带由浙江的杭州、余杭、萧山、临安，经福建的连城到达广东的高州；④第四矿带由新疆的夏子街、托克逊到达甘肃的嘉峪关、永昌；⑤第五矿带分布在西藏。我国质量较好的膨润土分布在辽宁辽阳、吉林白山、浙江绍兴、新疆托克逊、四川仁寿、山东临沂、甘肃金昌、内蒙古赤峰等地。现有膨润土矿山企业 253 家，包括加工企业约有 400 家，产量约 600 万 t。产业结构为：球团 200 万 t、铸造 200 万 t、钻井泥浆 100 万 t、活性白土 50 万 t、猫砂20 万 t、有机膨润土 10 万 t，其他 20 万 t。

2.4.3　硅藻土

硅藻土是一种生物成因的硅质沉积岩，主要由古代硅藻的遗骸所组成，矿物成分为蛋白石及其变种。世界硅藻土矿床类型有海相沉积与陆相沉积两大类，中国硅藻土矿皆为陆相湖泊沉积类型。湖盆可归纳为三种，即火山盆地（如吉林长白、山东临朐、浙江嵊县等）、断陷盆地（如云南昆明）及山间盆地（如四川米易）。含矿地层沉积类型属淡水湖的生物化学沉积型，特点是有较多的动、植物化石，与碳质碎屑粉砂层、粉砂质黏土层及硅藻黏土层共生。硅藻土矿层层理发育，岩性、岩相变化不大，矿体呈层状、似层状、透镜状、扁豆状产出，产状平缓，并由四周向盆地中心倾斜。硅藻种属为淡水型，如颗粒直链藻、中国小环藻、冰岛直链藻等。陆源沉积硅藻土矿床的 SiO_2 主要是岩石经风化分解、搬运提供的。矿床内含矿岩系没有玄武岩层，但周围常有时代较早的玄武岩层，它是 SiO_2 的物源岩石，如云南寻甸、四川米易等地的硅藻土矿床。此外，广东雷州半岛发现了半咸水型硅藻土矿床，表明除了上述淡水湖相沉积矿床外，还有沼泽相和深湖相沉积类型。吉林长白县西大坡硅藻土矿属于陆相湖泊沉积硅藻土矿类型中的火山物源矿床亚类，为中国已知的最大矿床，其规模世界少见。

硅藻土作为世界上分布广泛的矿种之一，资源十分丰富，但主要分布在美国、中国、日本、丹麦、法国、罗马尼亚等国。我国硅藻土储量仅次于美国，居世界第二位。我国共有硅藻土矿区数 70 多处，查明资源储量 4.84 亿 t，远景储量超过 20 亿 t，主要集中在华东及东北地区，其中规模较大，储量较多的有吉林（54.8%，吉林省临江市探明储量占亚洲第一），云南探明储量 0.82 亿 t，浙江探明储量约 0.4 亿 t，四川、内蒙古、河南等省份也有少量分布。我国硅藻土分布虽然广，但优质土仅集中于吉林长白山地区（硅藻含量大于 85%），其他矿床大多为 3～4 级土，杂质含量高，难以直接加工利用。

根据美国国家地质局 2013 年 1 月发布的全球矿产统计数据：2012 年全球硅藻土产量为 210 万 t，硅藻土生产主要集中在美国、中国、丹麦、日本等国。美国是全球最大的硅藻土生产国，2012 年美国硅藻土产量为 82 万 t（价值约为 2.255 亿美元），占全球总产量的 39.05%。在美国国内市场，硅藻土主要用于过滤材料，占比为 75%；其次是吸附剂和填充剂产品，占比均为 12%。我国有硅藻土矿石企业 30～40 家，其中吉林白山地区 20～30 家企业，行业总产值 6 亿～8 亿元。目前硅藻土全国产需量为 25 万～28 万 t。其中助滤剂 20 万 t，助滤剂国内价格平均 2000 元/t，国际市场价格为 600～700 美元/t，产能严重过剩，价格偏低。此外，用于环保水处理过滤材料的为 8000～10000t，用作塑料、橡胶、化妆品、牙科等功能填料生产的为 5000～6000t/a，用作保温材料的硅藻土为 3 万～5 万 t（多为 2～3 级土）。近些年绿色环保涂料对硅藻土的需求比较旺盛，年硅藻泥/硅藻涂料用硅藻土 1.5 万～2 万 t，硅藻泥价格约 15000 元/t，相关厂家达 700 多家。

2.4.4　伊利石资源分布及开发现状

在自然界，伊利石可以形成于各种气候和不同浓度的碱性介质条件下，可以是热液蚀变型或沉积成因，也可以在风化条件下形成。无论哪种成因的伊利石矿床，均与火山岩和火山沉积岩系紧密相关。伊利石矿物发现于 20 世纪 30 年代，而伊利石矿物的勘察和开发利用约始于 20 世纪 70 年代。我国伊利石黏土矿主要分布在浙江、四川、江西、河北、河南、甘肃、新疆、内蒙古、吉林、辽宁等地。我国的热液蚀变型伊利石主要分布在浙东南地区，其中瓯海县渡船头伊利石矿区是我国第一个勘探的大型伊利石矿床，其探明储量达 316.1 万 t。沉积型伊利石矿床主要分布在我国辽宁、河南、河北等省，其中河南平顶山地区的伊利石矿床是罕见的大型矿床，现已探明储量多达 1.3 亿 t。我国风化型伊利石矿床分布较少且成矿规模不大。2015 年我国伊利石产业产能约为 1200 万 t，预计到 2020 年，我国伊利石行业产能将达 1200 万 t。

伊利石在造纸、化妆品、陶瓷三大行业中有着极大的应用价值。陶瓷工业上伊利石作为生产高压电瓷、日用瓷的原料，在化工工业上用作造纸、橡胶、油漆的填料，纯的白色伊利石也可以代替高岭石作为造纸涂层，还能用来生产汽车外壳的喷镀材料及电焊条。伊利石黏土还可以作为新型陶瓷原料，作耐高温汽缸的助熔剂和在核废料处理铯的吸附剂。

2.4.5　凹土资源分布及开发现状

20 世纪 60 年代，许多地质学家还认为凹凸棒石是较稀有的矿物，因为除了在西班牙、美国等少数几个国家有发现外，其他国家几乎未见有关凹凸棒石的报道。随着地质勘探和研究的深入，逐渐发现这种矿物几乎遍及世界各地（图 2-7），但具有工业意义的矿床并不多见，分布也仅限于美国、中国、西班牙、印度及澳大利亚等国家。

●凹凸棒石矿床、矿点

图 2-7　凹凸棒石全球分布略图

美国是世界上最大的凹凸棒石矿产资源国和生产国。主要矿床分布于佐治亚州和佛罗里达边境附近 70km 的范围内。西班牙的凹凸棒石资源赋存于沿着塔霍河、杜罗河、埃布罗河、瓜达尔基维尔河流域分布的古近纪—新近纪盆地内，位于卡塞雷斯省的 Toerrjon 小盆地是西班牙凹凸棒石黏土最丰富的地区，无论是开采历史、矿石质量，还是矿床规模、经济意义，皆闻名于世。印度的凹凸棒石黏土矿床分布在安德拉邦海德拉市以西约 80km，主要共生矿为白云岩。澳大利亚的凹凸棒石分布比较广，其中西澳大利亚 Lake Nerramyne 矿是澳大利亚主要的凹凸棒石黏土供应基地。墨西哥是人类利用凹凸棒石最早的地区，其分布主要集中在尤卡坦半岛。早在 1000 多年前，当地人就将凹凸棒石黏土经过特殊的工艺制作成一种称为"玛雅兰"的颜料。随着凹凸棒石黏土研究的深入，陆续在中东地区的许多国家发现了含凹凸棒石的土壤，但是具有开发价值的矿床还没有发现。普遍认为中东凹凸棒石黏土是干旱环境中成壤作用形成的。

1978 年，许冀泉首先在江苏六合小盘山发现有凹凸棒石黏土存在。经过系统的地质勘探，陆续在江苏六合、盱眙等地找到可供工业开采的凹凸棒石黏土矿床，随后，相继在安徽嘉山、来安、天长等县境内，以及江苏金坛市等地发现凹凸棒石矿床或矿点，从而构成苏皖凹凸棒石黏土矿带。近些年，在四川、山东、甘肃、山西、浙江、贵州、内蒙古、湖北、河北等省和自治区也发现了一大批矿点。但无论是储量还是品位，仍以苏皖凹凸棒石黏土最高、最佳，已探明凹土储量达 8.9 亿 t，占全国的 74%、世界的 50%。中国凹凸棒石黏土分布见图 2-8。

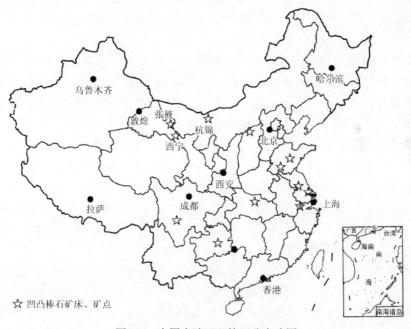

☆ 凹凸棒石矿床、矿点

图 2-8　中国大陆凹凸棒石分布略图

目前，我国凹土矿山企业有 40 名家，产量在 60 万 t 左右、产值 20 亿～30 亿元。我国最大的凹凸棒石黏土产业聚集地在江苏盱眙，其主要凹土产品占全球市场的 48%、国内市场的 75%。国内市场上，75% 以上食用油脱色剂、80% 以上干燥剂、60% 以上高黏剂、60% 以上抗盐黏土均产自江苏盱眙。

2.5 其 他 黏 土

全国 20 个省份有块云母产出，探明储量的矿区有 169 处，总保有储量为 6.31 万 t。以新疆云母最多，储量占全国的 64%；四川、内蒙古、青海和西藏等地也有较多的云母产出。主要有新疆阿勒泰、四川丹巴、内蒙古土贵乌拉云母矿等。云母矿类型主要有花岗伟晶岩型、镁夕卡岩型和接触交代型三种。以花岗伟晶岩型最重要，其储量占全国 95% 以上。云母矿主要形成于太古宙、元古宙和古生代，中生代以后形成较少。

中国滑石资源比较丰富，全国 15 个省份有滑石产出。探明储量有 43 处，总保有储量为 2.47 亿 t，居世界第三位，产量全球第一，中国、日本、朝鲜和美国四国的滑石和叶蜡石产量合计占世界总产量的 70%。江西滑石最多，占全国的 30%；辽宁、山东、青海、广西等省（自治区、直辖市）次之。滑石矿以碳酸盐岩型最为重要，储量占全国的 55%，如辽宁海域、山东掖县等产地，岩浆热液交代型主要在江西于都、山东海阳等产地，成矿时代主要为前寒武纪、古生代和中生代。

全国 15 个省（区）有石棉产出。探明储量 45 处，总保有储量 9061 万 t，居世界第三位。青海石棉矿最多，储量占全国的 64.3%，四川和陕西次之。主要石棉矿产地有四川新康、青海茫崖和陕西宁强等。石棉矿成矿时代有前寒武纪、古生代和中生代，以古生代成矿为最重要。

中国硅灰石资源丰富。全国 14 个省（自治区）有硅灰石产出。探明储量的矿区有 31 处，总保有储量 1.32 亿 t，居世界第一位。吉林省硅灰石矿最多，占全国的 40%；云南、江西、青海、辽宁次之。硅灰石矿床类型有夕卡岩型（如吉林龙井、湖南常宁、江苏溧阳）、接触热液变质型（如吉林梨树、江西上高）和区域变质型（如吉林浑江）三种，以前两种为主，成矿时代为石炭纪、二叠纪，其次为泥盆纪、志留纪和寒武纪。

我国的黏土产业与非金属矿工业同样经历了 2002～2012 年 10 年的跨越式增长，在产品规模数量、产值、企业数量、产品种类、技术装备水平（加工工艺、磁选）、资源利用水平、区域发展等方面取得了较快发展与进步，2013 年至今增速降缓。2015 年我国黏土矿物年产值为 600 亿～800 亿元，约占非金属矿产业的 15%，企业数量 2 万家，从业人数 40 万人。

2.6 黏土行业现状及发展规划

受全球经济形势不景气、我国传统工业产能过剩及经济下行等因素影响，"十二五"期间非金属矿工业增速降缓,我国黏土产业在高速发展期形成的资源消耗迅速、部分优质资源保障程度不足、企业规模小、产业集中度低,传统工业原辅材料产能过剩、市场需求不旺、产品同质化竞争等问题日益突出。另外,新兴产业功能性矿物材料市场的有效需求规模还亟待大力拓展。

　　非金属矿(特别是黏土产业)的后工业化时代重要性显现,国家及各部门高度重视。2016 年 5 月国务院发布了国办发〔2016〕34 号《关于促进建材工业稳增长、调结构、增效益的指导意见》。将非金属矿物功能材料列入了重点发展的新材料,指明了非金属矿产业发展的方向。2016 年科学技术部组织编制了"重点基础材料技术提升与产业化"重点研发计划,其中"节能、环保非金属矿物功能材料"列为重点任务之一。2016 年国家发展与改革委员会、工业和信息化部联合发文《关于实施制造业升级改造重大工程包》,其中非金属矿物功能材料列入发展工程之一。《中国制造 2025》也将非金属矿节能环保材料制备技术列入先进制造技术。2016 年 11 月,中国非金属矿工业协会正式发布"非金属矿工业'十三五'发展规划",发展思路、原则:坚持创新发展、坚持协调发展、坚持绿色发展、坚持突出重点、坚持综合利用;发展重点:加快产业结构调整推进供给侧改革、实施产业集群发展、加快技术创新、加快绿色发展、加快"出去走"的步伐、发展的重点领域。

　　"十三五"期间,产业将关注对矿产资源高效合理利用(优质优用、分级利用),对生产企业提出准入规范条件,淘汰规模小、资源消耗高、环境污染重、不符合安全生产要求的企业,提高产业集中度。例如,根据高岭土资源禀赋开发不同应用领域的高岭土产品。在江苏苏州、广东茂名、广西北海、福建龙岩建设相应产品的采选加工基地,在内蒙古、山西建设煤系高岭土加工利用基地;依托膨润土资源分布及产业基础,在浙江临安和安吉、广西宁明、新疆夏子街、辽宁建平、内蒙古赤峰、河南信阳、吉林公主岭、河北张家口等地建设采选及加工基地。在硅藻土资源集中区,吉林白山、内蒙古乌兰察布、云南腾冲、浙江嵊县建设采选及加工制品基地。此外,在产业集聚基地建立专业研发中心,针对重要非金属矿产采矿、选矿、加工和应用存在的关键技术进行攻关,依托创新驱动,不断提升行业技术水平。加快开发大型化、自动化程度高的非金属矿专用设备和成套装备。开发高岭土、膨润土等重要非金属矿低品位资源综合利用技术;加强黏土矿物等非金属矿基础理论研究工作,提升超细、提纯、改性、复合等非金属材料及制品加工技术;开发能够有效保护非金属矿晶体的特种加工工艺及湿法精细分级设备、超导磁选、永磁设备、大型直热式高效连续煅烧窑炉等专有装备。

　　加大供给侧改革力度,提升传统工业原辅材料的品质,大力发展战略性新兴产业、高新技术产业配套的高性能非金属矿物材料及制品,将电子信息、生物医药、新能源、高端材料、节能、环境保护、航空航天、农业、生态健康等领域作为"十三五"非金属矿物材料及制品发展的重点领域。开发专用化、功能化和系列化产品，促进产品结构调整。例如，在高岭土产业重点发展高性能催化裂化用高岭土、高品质陶瓷釉料级高岭土；在膨润土产业重点发展复合球团用膨润土、有机膨润土、膨润土/丁苯橡胶复合气密母胶等产品。通过发展中高端产品，并加快与下游产业融合发展协调发展，发挥非金属矿产品功能特性，拓展新的应用领域。在"十二五"的基础上，进一步完善优化重点矿种产业布局，要尽快将资源优势转化为产业优势，加大矿产资源整合力度，建设以非金属矿开发利用为基础的产业集群，形成从研究开发、产业化到规模发展的能力，构建较为完善的产业链，实现资源的集约化和规模化。

第3章 黏土的分类及晶体结构的典型特征

3.1 黏土的分类

3.1.1 黏土的基本结构单元

不同种类的黏土矿物基本构造单元均由硅氧四面体和铝氧八面体按不同组合方式构建。

硅氧四面体的结构如图 3-1 所示，每个四面体的中心是一个硅原子，它与四个氧原子以相等的距离相连，四个氧原子分别在四面体的四个顶角上。从单独的四面体看，四个氧各自还有 1 个剩余的负电荷，因此各个氧还能和另一个邻近的硅离子相结合。三个顶角二维方向伸展形成六方网层，称为四面体片。

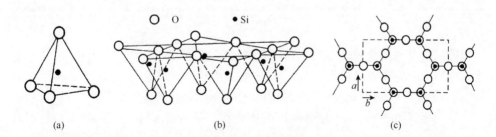

图 3-1 硅氧四面体及其晶层示意图

（a）硅氧四面体；（b）硅氧四面体晶层结构；（c）硅氧四面体晶层平面投影

铝氧八面体的结构如图 3-2 所示，每个八面体的中心是一个铝原子，它与三个氧原子和三个氢氧原子以等距相连。三个氧原子和三个 OH 基团分别在八面体的六个顶角上。由于存在剩余电荷，氧原子还能和另一个邻近的铝离子相结合。因此，八面体在平面上相互联结，形成八面体片。

硅氧四面体片和铝氧八面体片是不同黏土矿物所共同具有的基本结构。但是，这两种基本晶片在不同黏土矿物中的结合方式是不同的，因此导致了黏土的分类及不同黏土矿物在性能上的主要差异。

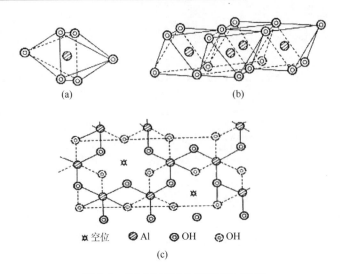

图 3-2 铝氧八面体及其晶层示意图

（a）铝氧八面体；（b）铝氧八面体晶层结构；（c）铝氧八面体晶层平面投影

3.1.2 黏土类型

划分黏土类型需根据以下三个方面综合考虑：①四面体与八面体片层彼此间的叠置方式；②三八面体型还是二八面体型结构；③阳离子类质同晶置换的数量和类型。

按结构单元层叠置的方式不同，层状硅酸盐的基本结构类型主要有 1∶1 型黏土（典型黏土为高岭石和蛇纹石）、2∶1 型（伊利石和蒙脱石）和 2∶1∶1 型（绿泥石）。凹土和海泡石则是一类独特的具有层链状结构的黏土矿物。

1∶1 型（图 3-3）：由一层硅氧四面体片和一层铝氧八面体片构成一个单元层，相邻单元层间构成层间域（I_1），层间存在包含物质和不包含物质的两种情况。在 1∶1 型黏土中，八面体片有一个 O（或 OH 基团）面与四面体片的一个氧面是共用的，所以八面体阳离子是被两个氧和四个 OH 基团所包围。高岭石是四面体阳离子为 Si^{4+}、八面体阳离子为 Al^{3+} 且层间域没有其他物质的 1∶1 型黏土的典型例子。

2∶1 型（图 3-4）：未参与连接的氧在硅氧四面体晶层的同一侧，两个硅氧四面体晶片彼此顶点相对，构成四个顶点氧和处于顶点氧平面的两个 OH 共六个氧原子所包围的位置，Mg（Al）离子就处于这个位置，形成正八面体。这样由两个四面体片和处于其间的八面体片构成的层状单元称为 2∶1 层（S_1）。当两个单元层重复堆积时，相邻的 2∶1 单元层之间构成层间域（I_1）。层间域可以有水或各种离子存在，有时则没有其他物质存在。滑石是无类质同晶置换且层间域不存在水及其他物质的 2∶1 型黏土的典型例子。

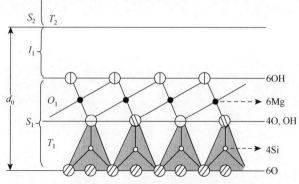

图 3-3　1∶1 型黏土结构示意图

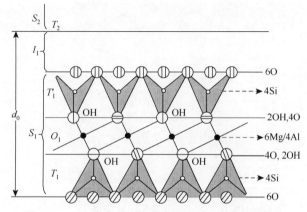

图 3-4　2∶1 型黏土结构示意图（沿 b 轴的投影图）

　　2∶1∶1 型（图 3-5）：如果 2∶1 型单元层的层间域存在一个八面体层，则构成 2∶1∶1 型黏土矿物，其中层间域的八面体晶片是独立的片。绿泥石是 2∶1∶1 型的典型例子，其四面体阳离子是 Si^{4+} 或 Al^{3+}，八面体阳离子可以是 Mg^{2+}、Fe^{3+}、Fe^{2+} 或 Al^{3+} 等。这种类型也可看成层间域存在物质的特殊 2∶1 型。

　　图 3-6 反映的是主要黏土矿物晶体沿 a 轴投影的比较示意图，由图可见各种黏土晶体结构之间所显示的最大区别在于层间域高度的变化，即结构单元层高度（d_0）的变化。化学组成变化及类质同晶置换都会导致黏土晶间距（即使是同一类型）的变化，但该变化与层间域的高度变化相比却是非常小的。

　　如果黏土的结构单元层内部电荷已达到平衡，则层间域无需其他阳离子存在，也很少吸附水分子或有机分子，如高岭石和叶蜡石等；如单元层内部电荷未达平衡，则层间有一定量的 K^+、Na^+ 或 Ca^{2+} 等阳离子填充，还可吸附一定量的水分子或有机分子，如蒙脱石和云母等。结构单元层之间空隙内所吸附的水分子通常称为层间水。这种电荷平衡需要不仅影响矿物的晶胞参数，还影响矿物的一些物理性能，如导致黏土的吸附性能或膨胀性能变化。

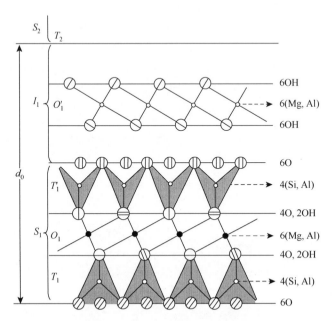

图 3-5　2 : 1 : 1 型黏土结构示意图

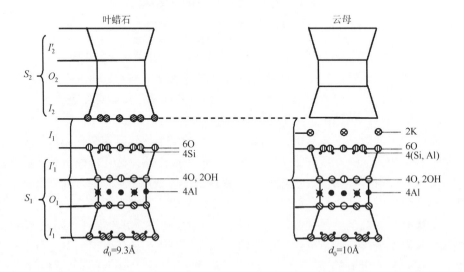

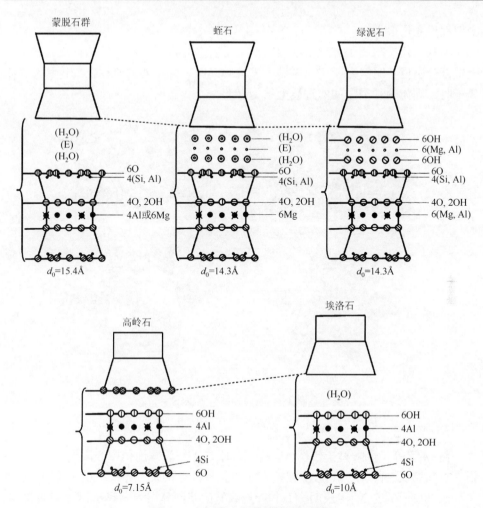

图 3-6　主要黏土矿物的构造比较图

✖ 表示 di 亚群时变成的空位

黏土矿物结构中存在复杂的类质同晶置换，特别是四面体层的硅被铝代替、八面体层内镁、铁和铝的相互代替，所有这些替换都会引起黏土矿物的许多理化性质改变。例如，在叶蜡石 $Al_2(Si_4O_{10})(OH)_2$ 中，没有硅被铝代替的现象，结构单元层内电性为零，层间作用为分子键，所以硬度小，解理薄片仅有挠性而无弹性；而在白云母 $KAl_2[AlSi_3O_{10}](OH)_2$ 的结构单元层中，有硅被铝代替，层内电荷不平衡，层间有 K^+ 填充补偿其负电荷，因此矿物硬度提高了，解理薄片随之具有弹性；而在珍珠云母 $CaAl_2[Al_2Si_2O_{10}](OH)_2$ 中，则有两个硅被铝代替，导致结构单元层内的空隙相应有钙加入，所以硬度进一步提高，解理片层相对易碎而显脆性。因此，虽然都是片层状黏土，但由于类质同晶置换的具体情况不同，则黏土矿物的物理性质变化很大。

当八面体层阳离子位置全部被阳离子所占据时，所形成的结构称三八面体；出现部分空位（比例为3∶1）的称二八面体（图3-7）。若同时存在二价和三价阳离子时，则为两种类型间的过渡型结构。

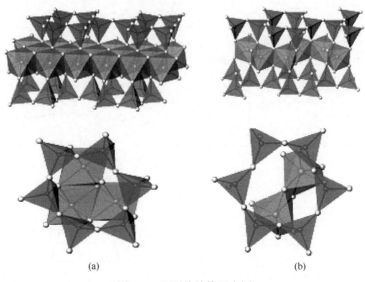

(a)　　　　　　　　　　　　　　　　(b)

图 3-7　八面体结构示意图

（a）三八面体；（b）二八面体

由 Mg^{2+} 等二价阳离子代替 Al^{3+} 等三价阳离子作为八面体中心阳离子。例如，滑石、叶蛇纹石的 Mg 以 6Mg 置换 4Al 的关系被置换成为叶蜡石和高岭石。在其单元结构中有 6 个 Mg，表明滑石和叶蛇纹石的八面体层内阳离子位置全部被 Mg 离子所占据，为三八面体构型；但叶蜡石和高岭石则表现为 Al 成为八面体阳离子，导致其单元结构中的相应位置会出现一部分空位，因此为二八面体构型。

3.2　黏土的分类标准

1958 年，布鲁塞尔黏土矿物分类预备会就黏土矿物的分类统一问题进行了研讨，随后对各种分类进行汇总并广泛征求意见。1963 年斯德哥尔摩会议，以美国黏土矿物学会的提案为基础的分类草案获得了多数代表的赞成，经国际矿物协会审批，于 1966 年公布，至此黏土矿物分类逐渐取得共识。该分类方法是把黏土矿物按层型（1∶1，2∶1，2∶1∶1）、族、亚族、种四级进行划分，同时在族名下附注层电荷数（$x = 0$、0.5～1、1～1.5、2、4）。当族名为单名时，亚族分别用二八面体或三八面体标明；当族名为复合名时，亚族可分别命名。1981 年，许冀泉和方邺森受我国第一届黏土学术交流会委托，拟定了一个黏土矿物分类方案，该分类与国际黏土研究协会的分类方案基本相同；同时，他们还提出了黏土矿物译名的推荐意见。上述工作对于我国黏土矿物的研究是很有意义的。

1∶1 型黏土矿物（高岭石族）分为高岭石亚族（二八面体）和蛇纹石亚族（三八面体）。高岭石族全都是纯的含水铝硅酸盐，其不同种属在 7Å 基本结构单元层的叠置方式上有显著差别。高岭石亚族又可分为两类：第一类是在结构和化学组成上与高岭石相似，包括高岭石、无序和结晶不好的高岭石（耐火黏土）、地开石、珍珠石和 7Å 埃洛石；第二类是在结构和化学组成上也与高岭石相似，但含有层间水分子层，如水铝英石含吸附水，而 10Å 埃洛石含层间水。三八面体的 1∶1 型称蛇纹石族矿物，该亚族所包括的蛇纹石矿物（纤蛇纹石和叶蛇纹石族最常见）是由一个四面体层和一个含有镁及少量铝的八面体层组成的。铝、铁、锰和铬可以代替八面体层中的镁；铝和三价铁等可以代替四面体层中的硅。正常沉积物中的蛇纹石经常发生与高岭石和（或）绿泥石混合，所以难以辨识。

2∶1 型的层状硅酸盐是由两个硅氧四面体片夹一层铝氧八面体片组成的层状晶体结构，其中硅氧四面体的顶氧均指向铝氧八面体层，并置换八面体中 2/3 的—OH，其单元层厚约为 1nm。该类型黏土中为数最多的是云母族和蒙脱石族矿物，其极端纯矿物有：滑石（一种含水硅酸镁）、叶蜡石（一种含水硅酸铝）、铁滑石（一种含水硅酸铁）。云母的 2∶1 型结构单元与滑石类似，但是在其结构单元层之间存在一个大阳离子面，这些阳离子称为层间阳离子，最常见的层间阳离子是钾。这些层间阳离子填充到四面体阳离子所形成的六方网格内，并使相邻的2∶1 型结构单元层连接在一起。它们将平衡由于在四面体层和（或）八面体层中以电荷较低的阳离子代替某些电荷较高阳离子所产生的电荷。2∶1 型基本结构单元层以各种叠置层序叠置在一起：有 2M 型（两层单斜晶系的）、1M 型（一层单斜晶系的）、1Md 型（无序叠置的一层单斜晶系的）及 3T 型（三层三方晶系的）。白云母一般为 2M 型，金云母为 1M 型，混层黏土则为 1Md 型。云母则根据其种类是二八面体（白云母型）还是三八面体（黑云母型）来详细划分。大多数云母的八面体层中有两种或两种以上的阳离子，镁、铝、铁以各种组合出现，锰、钒、铬和各种其他阳离子也以不同数量出现，因此云母类矿物种类繁多，且大多数可能存在于泥质沉积物中，对它们的识别是极其困难的。Dorothy Carroll 提出将具有 2∶1 型结构的矿物系统地归为如下序列：

云母 {
　无层间 K^+，存在 H_2O 和金属阳离子—蒙脱石族

　白云母（二八面体）—部分 K^+ 被 H_2O 和其他金属离子置换
　—伊利石—海绿石—绿鳞石—黑云母（三八面体）—蛭石

细粒云母属伊利石族。二八面体的伊利石大大超过三八面体伊利石，常见的伊利石均是二八面体的。伊利石和白云母一样，四面体中大约有一半的硅被铝置换，大约 3/4 的八面体为铝，也有少量的三价铁，大约 1/8 的阳离子为二价（镁和二价铁）。二八面体的铁伊利石为海绿石和绿鳞石矿物。海绿石也用作岩石的名称，表示任何细粒的、绿色的层状矿物集合体。铁伊利石和铝伊利石相似，通常与蒙脱石成间层产出。海绿石中有 1/2 以上的八面体位置为铁离子填充。绿鳞石八面体中的镁比海绿石的多，而四面体中的铝则比海绿石的少。

膨胀和可膨胀的 2∶1 型黏土矿物的化学组成和层电荷都有很大变化。这类矿物的特征是在结构单元层之间（硅氧面之间）含有松弛连接的阳离子和水层或有机分子层，层间厚度是可逆变化的，层间水在 120～200℃的温度下失去。钠、钙、镁和铁等是这类矿物最常见的层间阳离子。2∶1 型黏土矿物中二八面体亚族最为丰富。膨胀黏土的层电荷在每个 $O_{10}(OH)_2$ 结构单元中为 0.3～0.6，其中带低电荷（0.3～0.6）的膨胀黏土称为蒙脱石或蒙脱石族矿物，如大部分电荷产生于八面体层的二八面体矿物，则称为二八面体蒙脱石。四面体电荷较高（0.4）的二八面蒙脱石族矿物称为拜来石。这类矿物总电荷通常为 0.7 或更高。三八面体膨胀黏土很少，但也有很宽的分布系列。在低电荷范围内（0.3～0.5），最常见的三八面体膨胀黏土有：八面体层中含有镁和锂的锂蒙脱石，以及八面体层中含有大量镁而四面体层中有若干铝代替的皂石。层电荷为 0.6～0.8 的三八面体 2∶1 型膨胀黏土称蛭石。这类矿物的颗粒通常比大多数膨胀黏土的颗粒粗，其结晶度比大多数膨胀黏土好。判断某种黏土是否为蛭石，常以它吸附两层乙二醇和膨胀至 17Å 的能力为依据。Walker 曾经指出，电荷大约 0.6 并以镁为主的膨胀黏土，将只吸附一层甘油并膨胀到 14.3Å（蛭石）；电荷比较小的那些黏土将吸附两层甘油而得到 17Å 的厚度（三八面体蒙脱石族）。但是关于膨胀黏土和伊利石之间的界限并不十分清楚。

所有非膨胀型的 2∶1 型和 2∶1∶1 型层状硅酸盐，都能使其层间阳离子除去，然后水和有机分子渗透到这些层之间，形成膨胀的层状矿物。

大量的黏土并不是纯矿物类型，而是由化学成分不同的层间组分所组成的，这类矿物称为混层黏土。这包括两种或者三种不同的单元层有序或无序相间叠置，如最常见的有序间层黏土矿物柯绿泥石就是由绿泥石和蛭石，或者绿泥石和蒙脱石的间层组成的。混层伊利石-蒙脱石是最为丰富的一种混层黏土（接近 90%），其他无序混层黏土有绿泥石-蒙脱石、黑云母-蛭石、绿泥石-蛭石、伊利石-绿泥石-蒙脱石、滑石-皂石、蛇纹石-绿泥石。一般来说，其中的一种结构单元层为膨胀型，而另外一种为非膨胀型。

凹凸棒石和海泡石都是具有链状结构的黏土矿物。前者有 5 个八面体位置，而后者有 8 个或 9 个八面体位置。二者几乎都没有四面体的置换。海泡石的八面体位置大部分被镁所填充，凹凸棒石的八面体位置被大约一半的镁和一半的铝所填充。

表 3-1 为按层型、族、亚族、种四级划分的黏土矿物及有关层状硅酸盐矿物分类表，并在层型与族之间注明层间物质和层电荷，作为划分族的依据。表中未列入混层黏土矿物和非晶质黏土矿物，但为了区别粗粒云母，特将黏粒云母划出，成立水云母族。

表 3-1 黏土矿物及有关层状硅酸盐矿物分类表（许冀泉和方邺森，1982）

层型	层间物质	族（x=单位化学式电荷）	亚族	代表性种
1:1 Si_2O_3	无或有残留水	高岭石-蛇纹石 x 约为 0	二八面体	高岭石、地开石、珍珠陶土、埃洛石
			过渡型	铁蛇纹石
			三八面体	叶蛇纹石、纤蛇纹石、斜蛇纹石、镁铝蛇纹石
2:1 Si_4O_{10}	无	叶蜡石-滑石 x 约为 0	二八面体	叶蜡石
			过渡型	铁滑石
			三八面体	滑石
	阳离子或水化阳离子	蒙皂石 0.2<x<0.6	二八面体	蒙脱石、贝得石、绿脱石、铬绿脱石
			过渡型	斯温福石
			三八面体	皂石、锌皂石、汉克托石、斯蒂文石
		蛭石 0.6<x<0.9	二八面体	黏粒蛭石
			三八面体	蛭石
		水云母 0.6<x<1	二八面体	水白云母、水钠云母、伊利石
			三八面体	水金云母、水黑云母
		云母 x 约为 1	二八面体	白云母、钠云母、钒云母、铬云母
			过渡型	锂云母、铁锂云母
			三八面体	金云母、黑云母
		脆云母 x 约为 2	二八面体	珍珠云母
			三八面体	绿脆云母、钡铁云母、锂铍云母
	氢氧化物	绿泥石 x 不定	二八面体	顿绿泥石、硼绿泥石
			过渡型	须藤石、锂绿泥石
			三八面体	斜绿泥石、叶绿泥石、镍绿泥石
2:1 Si_8O_{20} 和 $Si_{12}O_{30}$	水化阳离子和沸石水	海泡石 x 约为 0.2	过渡型	坡缕石、芜弗蒂石
			三八面体	海泡石

国际黏土矿物学会名词术语委员会在 1991 年又提出了"关于修订黏土矿物分类的报告"（R. T. Matin 等）。与以往分类表的最大区别是：分类时首先考虑黏土层

状结构的基本特征，将其划分为"平面状的"（planar）和"非平面状的"（non-planar）含水层状硅酸盐两类。前者指四面体片顶角朝向一致的简单层状结构，后者指四面体顶角朝向不一致而产生的具周期性颠倒的结构（如叶蛇纹石、海泡石等）及管状或球状结构（如埃洛石、纤蛇纹石等）。该分类不仅包括了除非晶质黏土矿物外的主要黏土矿物种类，还包括了有序混层矿物及伊利石等矿物，以及不少通常不属于黏土矿物的含水层状硅酸岩矿物（如水铝英石）。

3.3　几种重要黏土矿物的晶体结构及构效关系

纯的单矿物黏土矿物样品很难找到。即使是在沉积岩中只含有一种黏土类型的情况下，非黏土矿物的存在也使得提纯难以进行。实际上，沉积矿床中黏土矿物的化学组成在几英尺（1 英尺=0.305 米）甚至几英寸（1 英寸=2.54 厘米）的范围内也很难达到一致，特别是 2∶1 型和 2∶1∶1 型（绿泥石）的黏土族内更是如此。大多数黏土矿物，从一个单位晶胞到邻近晶胞的化学组成也可能有相当大的变化。黏土的类质同晶置换现象可能发生在几个、几十个，甚至几百个单位晶胞中，也可能只在一个单位晶胞中发生。因此，黏土矿物的任何表征数据仅是一种平均值，且几乎不可能测定出化学组成的变化范围和表征离差。

3.3.1　高岭石（1∶1 型）

高岭石黏土又称"高岭土"（俗称"瓷土"）。中国是世界上最早发现和利用高岭土的国家。远在 3000 年前的商代所出现的刻纹白陶，就是以高岭土制成的。江西景德镇生产的瓷器名扬中外，历来有"白如玉、明如镜、薄如纸、声如磬"的美誉。国际上通用的高岭土学名为 Kaolin，就是来源于景德镇东郊的高岭山。

高岭石由一层硅氧晶片和一层铝氧八面体晶片连接形成的结构层沿 c 轴堆垛而成，两层厚度大约为 0.7nm。其实际结构中，由于铝氧八面体片大小（a_0=0.506nm，b_0=0.862nm）与硅氧四面体片的大小（a_0=0.514nm，b_0=0.893nm）不完全相同，因此，四面体片中的四面体必须经过轻度的相对转动和翘曲才能与变形的铝氧八面体片层相适应。高岭石中结构层的堆积方式是相邻的结构层沿 a 轴相互错开 $(1/3)a$，并存在不同角度的旋转，所以高岭石族存在着不同的多型。最常见的多型是高岭石 1Tc，其次有地开石（dickite）和珍珠石（nacrite），而 1M 多型少见，通常所说的高岭石指的是高岭石 1Tc。高岭石结构中离子取代很少，化学组成较纯净，在组成中氧化铝和氧化硅含量的比例较高（46.33%和 39.49%）。耐火黏土、球状黏土和燧石黏土都是富含高岭石的黏土，通常都是 b 轴无序的变种，且杂质含量高。一般高岭土原矿中含有少量蒙脱石、伊利石、水铝英石及石英、云母、有机质等杂质。经过手选或精制加工后高岭土可以达到高岭石的理论组成。其理论组成是：SiO_2 46.54%、Al_2O_3 39.5%、H_2O 13.96%。

Bundy 等在研究佐治亚州的高岭石时指出，高岭石的大部分离子交换容量是存在少量蒙脱石之故（根据 Mg 的含量判别）。他们对认为不含有蒙脱石的高岭石测出的最大交换容量约为 0.8mg/100g，这完全可以由边缘电荷引起。高岭石晶胞之间的上下相邻层面，一面为 OH 面，另一面为 O 面，而 O 与 OH 形成强氢键（O—OH = 0.289nm），加强了结构层之间的连接，晶层间连接紧密，水分子不易进入晶层。此外，晶胞活动性较小，使得高岭石的亲水性、膨胀性和收缩性均小于伊利石，更小于蒙脱石，见图 3-8。

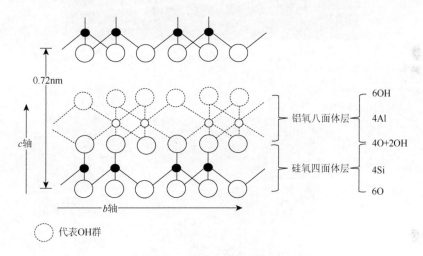

图 3-8　高岭土结构示意图

高岭石簇矿物通常为小于 2μm 的微小片状、管状、叠片状组成。高度有序的高岭土在电镜下通常呈六角形鳞片状，单晶为六方板状或书册状（图 3-9）。平行连生的集合体往往呈蠕虫状或手风琴状。鳞片大小一般为 0.2～5μm，厚度 0.05～2μm。有序度高的 2M1 高岭石鳞片可达 0.1～0.5mm，有序度最高的 2M2 高岭石鳞片可达 5mm。

自然条件下，当高岭石结构单元层之间存在层间水时，则可能会形成管状的埃洛石（也称多水高岭石）。此时，层间水会显著削弱单元层间的氢键结合力，因此各层级就具有一定的自由活动性。硅氧四面体片与铝氧八面体片之间的差异能够通过卷曲得以克服，该卷曲倾向形成四面体片居外、八面体片居内的结构单元层的卷曲结构。图 3-10 展示了高岭石卷曲成埃洛石的晶体结构示意和实物电镜图。

图 3-9　高度有序的高岭土电镜图

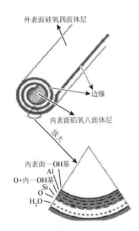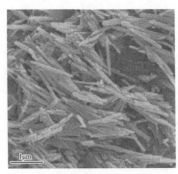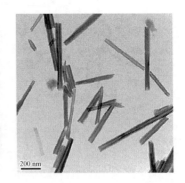

图 3-10　埃洛石的晶体结构示意及微观形貌

　　高岭石通过逐步的插层和剥离到足够薄的纳米薄片时，也会自动卷曲成比较稳定的类似于埃洛石的一维高岭石纳米卷。由于该过程可实现高岭石由三维到二维直至一维的结构改造，从而赋予其更加广阔的纳米特性应用领域，因此该方向的研究是高岭石研究的国际热点。

　　一般高岭土的密度是 2.58～2.62g/cm³，硬度在 2.4 以上，这个主要与其中含有的杂质有关，如含有石英砂，那么密度和硬度都会变大；煤系煅烧高岭土的密度是 2.5～2.63g/cm³，硬度在 2.4 以上，相关理化数据变化主要与矿源和煅烧温度有关。原矿呈致密块状或疏松土状，质软，有滑腻感，硬度小于指甲。图 3-11 为天然高岭土矿土样，呈现显著外观差异性。纯净高岭土外观呈白色或浅灰色，含杂质时也会呈现黄、灰、青、玫瑰等其他颜色。

图 3-11　高岭土矿石

自然产出的高岭土矿石，根据其质量（物理化学性能）、可塑性和砂质（石英、长石、云母等粒径大于 50μm 的矿物）的含量，一般可划分为硬质高岭土、软质高岭土和砂质高岭土三种类型。硬质高岭土质硬，无可塑性，粉碎、细磨后具有可塑性。软质高岭土质软，可塑性一般较强，砂质含量小于 50%。砂质高岭土质松散，可塑性一般较弱，除砂后较强，砂质含量大于 50%。根据影响工业利用的有害杂质种类，冠"含"字划分亚类型（允许含量小于 5%），如含黄铁矿硬质高岭土、含有机质软质高岭土和含褐铁矿砂质高岭土等。高岭土用途依据其成因还可分为煤系高岭土和非煤系高岭土。

煤系硬质高岭土是在一定温度、压力作用下形成的，所以矿石中高岭石的有序度均较风化和近代沉积作用形成的高岭石要高。由于经受了成矿作用，又进一步重结晶有序化，因此内部结构紧密，颗粒紧密堆积，破坏结晶构造需要较大的能量，且可塑性低，脱羟基温度较高。硬质高岭土矿石一般呈灰、黑色，致密坚硬，断口呈贝壳状，有的具有层理或层面劈理，镜下呈典型蠕虫状晶体。无吸水膨胀性。矿石的成分比较简单，含量可达 95%以上。煤系高岭土中的有机物会逐步演变成含碳物质，因极其细微，易被黏土吸附，难以从黏土中分离，因此，煤系高岭土的脱碳必须借助煅烧。煤系高岭土是我国高岭土资源的优势所在。

非煤系高岭土一般分为软质高岭土和砂质高岭土，其晶体结构主要分为单片状（径厚比为 8∶1）、管状和叠片状。该类型高岭土矿床一般为露采，少数热液蚀变型矿床需坑采。加工方式主要有干法磨矿分级、水洗除砂、重力分级提纯、磁选除铁、化学除杂、煅烧增白和超细改性等。我国非煤系高岭土矿床以中小型的为主，主要集中分布在广东、福建、江西、陕西、云南、湖南和江苏。我国砂质高岭土属风化型或沉积型矿床，主要分布在南方亚热带多雨地区。

高岭土的成因类型决定了其成分、结构及性能特征，从而影响对其的加工方式。按照高岭土成因类型所决定的性能特征，综合采用精细提纯、煅烧、超细加工、改性等针对性加工方式，能够有效制造出满足特定行业所需的产品。如我国煤系高岭土属沉积型，其特点是纯度高、杂质少，适合陶瓷、橡胶等行业，但由于其原矿缺乏黏结性，不易直接作为造纸或耐火材料的原料，需通过煅烧改性增白以后方能适用；而水洗高岭土的原矿黏性较好，可以直接作耐火材料黏结剂或造纸填料。因此，针对不同成因类型的原矿，在加工方式和应用行业的选取时，应该考虑原材料地质成因及其造成的影响，见表 3-2。

表 3-2　高岭土成因类型

矿床成因类型		矿物成分特征	世界典型矿床分布	中国典型矿床	主要特点	常用加工方法
类型	亚类					
风化型	风化残余型	高岭石、多水高岭石、石英等	美国、巴西	江西景德镇、福建同安、广东茂名	较常见、储量大	干法磨矿分级、磁选除铁、超细磨矿、煅烧增白和超细改性等
	风化淋滤型	多水高岭石、三水铝石、伊利石等	英国	四川叙永、山西阳泉、贵州毕节	铁锰杂质含量较高	干法磨矿分级、磁选除铁、超细磨矿、改性等
热液型	热液蚀变型	高岭石、地开石、叶蜡石、明矾等	澳大利亚、新西兰	浙江遂昌、江苏苏州	成分较复杂	干法磨矿分级、水洗除砂、重力分级提纯、磁选除铁
	含硫温泉水蚀变型	高岭石、多水高岭石、三水铝石、硫、石英等	中国	西藏羊八井、云南腾冲	硫含量较高、成分复杂	化学除杂、煅烧增白和超细改性等
沉积型	含煤建造沉积型	高岭石、一水铝石、石英等	中国	陕西铜川韩城、山西大同、安徽淮北、内蒙古准格尔	品质高、杂质少，为我国主要储量类型	干法磨矿分级、磁选除铁、超细磨矿、煅烧增白和超细改性等
	河湖海湾沉积型	高岭石、多水高岭石、伊利石、石英等	南非	广东清远、福建漳州、茂名盆地	品质高、杂质少	干法磨矿分级、磁选除铁、超细磨矿、改性等

煤系高岭土以其单一的矿物组成和纯净的化学成分、良好的分散性、耐火度、电绝缘性、化学稳定性，以及煅烧土质地纯净、耐磨性好、白度高等优异的物理化学性质，广泛用于各个工业领域。一般来说，国内的煤系高岭土（硬质高岭土），比较适合开发为煅烧高岭土，主要应用于各种用途的填料方面。煅烧高岭土由于白度较高，在造纸方面也有应用，而且多为生产高档铜版纸，价格昂贵。但由于煅烧土主要是增加白度，一般不单独使用，在造纸中用量较水洗土为少。

3.3.2　蒙脱石（2 : 1型）

蒙脱石是一种硅铝酸盐，因其最初发现于法国的蒙脱城而命名，是膨润土（也称斑脱岩、皂土或膨土岩）的主要组分。蒙脱石结构存在大量的晶格取代，取代位置主要在 Al—O 八面体中，即 Al^{3+} 被 Mg^{2+}、Fe^{2+} 和 Zn^{2+} 等取代，产生的负电荷由等量的 Na^+ 或 Ca^{2+} 来平衡，硅氧四面体中的硅很少被取代（图 3-12）。蒙脱石上下相邻的层面皆为 O 面，晶层间引力以分子间力为主，层间引力较弱，水分子易进入晶层。蒙脱石的晶格取代使晶胞带负电，在它周围，必然会吸附等电量的阳离子，由于配平电荷的层间阳离子距离较远，水化阳离子给黏土带来厚的水化膜，使蒙脱石具有优越的水化膨胀性能，能吸附相当于自身体积 $8 \sim 20$ 倍的水而膨胀至 30 倍。

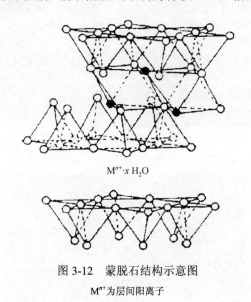

$$M^{n+} \cdot x\, H_2O$$

图 3-12 蒙脱石结构示意图

M^{n+} 为层间阳离子

蒙脱石晶胞形成的层间阳离子（如 Ca^{2+}、Mg^{2+}、Na^+、K^+ 等）与蒙脱石晶胞的作用很不稳定，易被其他阳离子交换，所以具有较好的离子交换性。膨润土的层间阳离子种类决定膨润土的类型，层间阳离子主要为 Na^+ 时称钠基膨润土；层间阳离子主要为 Ca^{2+} 时称钙基膨润土。钠基蒙脱石的性质比钙基膨润土的阳离子交换能力要好，这是由于多价离子比一价离子电荷密度大，颗粒之间产生较强的静电引力，使膨润土颗粒联结的能力强，因此钙质膨润土的分散能力比钠质膨润土要弱。钙基膨润土比钠基膨润土便宜，我国大部分膨润土矿以钙基膨润土为主，储量丰富。图 3-13 为蒙脱石微观电镜图。

肉眼鉴定中，优质膨润土呈纯白色，一般也有灰色或浅黄白色的，常因吸水或含有杂质而呈淡绿、淡青、玫瑰红等颜色。高品位的膨润土用手掰开后，断面不平整，有油脂光泽，手触有滑感，呈冻胶状。膨润土均具有吸水膨胀性能，好的膨润土可形成胶体状；若经长期风干水分挥发后，又可变成松散状。膨润土因有强烈的离子交换力，能吸附或吸收各种颜色。把它与油脂混合，可使油脂更加滑润。膨润土在水中有非常好的悬浮分散性能，可作为悬浮剂或增稠剂而广泛使用，膨润土矿石见图 3-14。

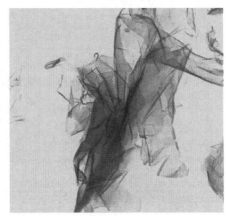

图 3-13　蒙脱石电镜图

图 3-14　膨润土矿石

　　各种铝硅酸盐矿物组成的岩石在适宜的地质应力条件下均可转化为蒙脱石，但常以富含火山玻璃质的岩石易转化成矿。常见的有珍珠岩、黑曜岩、流纹岩、粗面岩、英安岩及火山碎屑沉积岩。这类岩石所形成的矿床数约占全球的 4/5、全国的 3/4；此外，沉积岩型膨润土或是由沉积黏土在沉积、成岩期转化为蒙脱石黏土（岩），或是由硅、铝凝胶沉淀凝聚而成矿。我国膨润土矿床的主要类型为火山岩型、火山-沉积岩型、沉积岩型三大类，它们赋存于火山构造盆地、火山-沉积盆地及沉积盆地中。地壳构造运动常伴随岩浆的喷发、喷溢活动，形成富有成矿物质的断陷盆地，地表水下渗致使火山玻璃、铝硅酸盐矿物向蒙脱石转化，形成侵入岩型的膨润土矿床。地质环境的改变导致水化学条件变化，也会引起膨润土的自然改性，向其他黏土矿物转化。此外，地壳稳定有利于长期的风化—剥蚀—搬运—沉积作用，从而对沉积岩型膨润土矿提供了有利的成矿条件。我国四川三台地区、湖南澧县、广西宁明等矿床都是在稳定的构造条件下形成的沉积岩型矿床。

根据矿石的矿物组成及其结构构造，将膨润土矿石划分为黏土状、粉砂状、砂状、含砾状、角砾状等类型，见表 3-3。

表 3-3　膨润土矿石的矿物组成

矿石类型	黏土状膨润土	粉砂状膨润土	砂状膨润土	含砾膨润土	角砾状膨润土
颜色	青灰色夹紫红色	青灰色或砖红色	砖红色	青灰或砖红色	杂色，以青灰色为主
结构	变余晶屑凝灰结构，变余沉凝灰结构	变余凝灰结构，变余粉砂状沉凝灰结构	变余凝灰结构粉砂，细砂结构	变余沉火山角砾结构，变余火山角砾结构	角砾沉凝灰结构
组成	主要：蒙脱石、玻屑 次要： 晶屑：石英 长石 斜发沸石 15%～30% 陆源碎屑： 20%～25%	主要：蒙脱石 次要： 岩屑：硅质岩、凝灰岩、熔结凝灰岩、霏细岩 晶屑：石英、斜长石、黑云母、玻屑 陆源碎屑：粉砂、砂、泥	主要：蒙脱石、斜发沸石 30%～50% 次要： 岩屑：硅质岩、凝灰岩、安山岩 5%～20% 晶屑：10%～20% 陆源碎屑：黄铁矿、方解石	主要：蒙脱石火山岩角砾 次要： 岩屑：砾石、硅质岩 晶屑：石英、斜发沸石＜10%、石英、火山岩、"砾"少量	主要：蒙脱石、玻屑 次要： 岩屑：熔结凝灰岩、凝灰岩、斜发沸石少量 陆源碎屑：＞10%

膨润土的物理性能主要取决于蒙脱石，蒙脱石的水化膨胀性能使膨润土易于吸水、分散和悬浮及造浆性，可作黏结剂、悬浮剂、充填料、饲料、催化剂等，广泛用于农业、轻工业及化妆品、药品等领域；杰出的膨胀性能还可用于开发防水材料，如膨润土防水毯、膨润土防水板及其配套材料。良好的阳离子交换性能赋予蒙脱石良好的吸附性能，可用于废水及油品净化等各类吸附分离领域。

3.3.3　伊利石（2∶1 型）

伊利石也称水云母，是分布最广的一种黏土岩，常由白云母、钾长石风化而成，是形成其他黏土矿物的中间过渡性矿物。因此，纯的伊利石黏土（岩）不多，往往与其他黏土矿物混杂在一起，成为复成分黏土岩。从矿物学意义上讲，伊利石系指呈胶体分散状态的水白云母，一般已将伊利石视为水白云母的同义词，属于富钾的硅酸盐黏土矿物，因最早发现于美国的伊利诺伊州而得名。

伊利石与蒙脱石同为 2∶1 型黏土，其基本结构层也是由两个硅氧四面体片和一个铝氧八面体片组成的，其结构如图 3-15 所示。在其结构单元层中，硅氧四面体的顶氧均指向铝氧八面体，通过共用氧联结在一起。与蒙脱石不同，伊利石的晶格取代主要发生在硅氧四面体片中，其中 Si^{4+} 被 Al^{3+} 取代。伊利石的类质同晶取代量远大于蒙脱石，因此高岭石单位晶胞内电荷不平衡情况比蒙脱石严重，单位晶胞电荷数比蒙脱石高 1~1.5 倍。伊利石的阳离子交换容量（CEC）比较低，只有 20~40mmol/100g 土，其层间可交换阳离子主要为钾离子。硅氧四面体片中的六方网格结构的内切圆直径（0.288nm）与钾离子直径（0.266nm）相近，因此进入结构单元层之间的钾离子处于上下两个硅氧四面体的六方网格结构中形成的 12 个氧的配位中心，结合力牢固，不易被交换释出，所以晶层结合紧密。由伊利石的晶体结构可以看出，伊利石虽然为 2：1 型黏土，但不同于蒙脱石靠进入层间的水化阳离子平衡电荷，伊利石单元层间的强静电作用力和配位结构使水不易进入其中，只发生在外表面。上述结构使伊利石无层间水，只有结构水，因此水化膨胀体积增加程度比蒙脱石小得多，所以伊利石归属非膨胀型黏土。

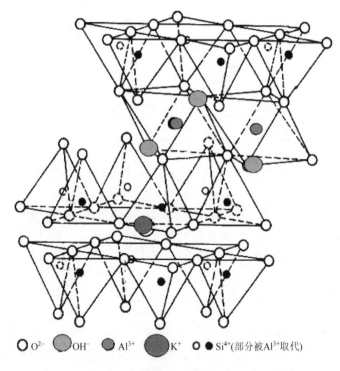

○ O^{2-}　◐ OH^-　● Al^{3+}　● K^+　◌ ● Si^{4+}(部分被Al^{3+}取代)

图 3-15　伊利石结构示意图

　　二八面体伊利石分布储量均大大超过了三八面体伊利石，常见的伊利石均属二八面体。这种伊利石和白云母一样，四面体层中大约有一半的硅为铝所置换，大约有 3/4 的八面体阳离子是铝，也有少量的三价铁，大约有 1/8 的阳离子是二价的（Mg^{2+}和 Fe^{2+}）。二八面体的铁伊利石称为海绿石或绿磷石矿物，其中海绿石中有 1/2 以上的八面体位置被铁离子（大多是三价的）所填充。$O_{10}(OH)_2$ 结构的单位电荷较低

（0.3～0.6），如果大部分电荷产生于八面体层的二八面体矿物称为蒙脱石或蒙脱石族矿物；如果四面体电荷量较高的（0.4）的膨胀二八面体蒙脱石族称拜来石。在蒙脱石和拜来石之间存在一个完整的渐变系列，其中富含三价铁的变种称为绿脱石。从伊利石或白云母中淋滤出钾而得到的一些同类矿物称为二八面体蛭石；层电荷为0.6～0.8 的三八面体膨胀 2∶1 型矿物称为蛭石。所有非膨胀型的 2∶1 型和 2∶1∶1 型层状黏土，都能使其层间阳离子除去，然后水和有机分子渗透到这些层之间形成膨胀型的层状矿物。伊利石的莫氏硬度 1～2，相对密度为 2.6～2.9。

　　伊利石是典型的单斜晶型矿物，由于在 c 轴方向上重复堆垛方式的不同，存在有 7 种多型：1M、2M1、2M2、3T、2O、1Md、6H，其中自然界中广泛存在的伊利石多型为 1M 和 2M1。1M 多型伊利石是泥页岩沉积物的主要组分；1Md多为混层结构，常出现在伊/蒙混层中；而 2M1 多型更多出现在风化产物的碎屑岩中（图 3-16）。伊利石矿物颗粒细小，一般为 0.1～0.3μm，呈黏土状，为单斜晶系鳞片状块体。伊利石晶粒细小且结构缺陷丰富，使伊利石的显微结构难以被识别。X 射线衍射技术促进了人们对伊利石结构的进一步理解，且计算机科学不断完善，使得伊利石黏土微结构及分子模拟不断涌现。

(a)　　　　　　　　　　　　　　　　　　(b)

图 3-16　电镜图

（a）伊利石电镜图；（b）伊/蒙混层黏土矿物电镜图

　　纯的伊利石黏土呈白色，但常因杂质而呈现黄、绿、褐等色。伊利石矿成分主要以伊利石为主，其次为白云母、绢云母、石英、叶蜡石、高岭石、黄铁矿等，并含有零星或极少量的刚玉、红柱石、绿泥石、绿帘石、地开石、褐铁矿和微量的金红石等。伊利石的化学成分以 K_2O、Al_2O_3 和 SiO_2 为主，一般含氧化钾 6%～10%，因此伊利石矿可用作钾肥。伊利石矿石（图 3-17）结构构造以显微鳞片变晶结构、变余凝灰结构和块状构造、条带构造为主，花岗变晶结构及角砾状构造少见。

图 3-17 伊利石矿石

伊利石的晶体结构决定了伊利石黏土具有良好的吸附性、细腻性、易碎性和白度等理化性能。伊利石黏土的用途很广,可用于制作钾肥、高级涂料及填料、高级化妆品、土壤调整剂、家禽饲料添加剂、高层建筑的骨架配料和水泥配料、核工业的污染净化和环境保护。

3.3.4 绿泥石（2:1:1型）

绿泥石的基本结构单元是由一个2:1型层加上一个铝氧八面体层组成的,层厚约为1.4nm(图3-18)。绿泥石的层间距要视2:1型层和氢氧化物层的厚度及

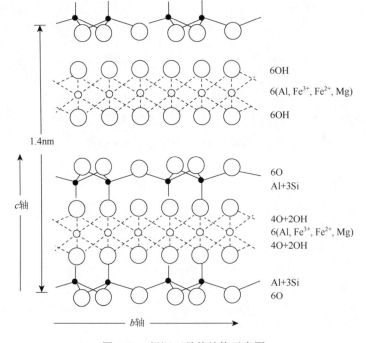

图 3-18 绿泥石晶体结构示意图

将它们连接在一起的力而定。这种连接力随四面体层和八面体层（特别是氢氧化物层）的电荷量而变，因此与四面体层 Al 取代的数量成正比。大部分绿泥石为三八面体，但也有二八面体及二八面体-三八面体混合型的。由于绿泥石的离子取代范围非常广泛，因此给予该族各成员的名称繁多。

三八面体的绿泥石是浅变质岩中常见的组分，通常都是碎屑成因。绿泥石在火成岩中少见，在这类岩石中，绿泥石作为铁镁矿物的热液蚀变产物而存在。在几乎所有类型的沉积岩中都有绿泥石产出。虽然它们很少成为这类岩石的主要层状硅酸盐产物，但 70%～90% 的沉积岩中可能含有绿泥石。绿泥石在适度的酸性淋滤环境中极易风化，其中氢氧化物层最先从绿泥石中分离出来，形成蛭石或者混层绿泥石-蛭石，此时 Al 和 Fe 的氢氧化物一般沉淀在往往会阻碍风化作用的膨胀层之间形成比较稳定的产物。土壤中形成的大部分类似绿泥石的物质都是二八面体，而不是三八面体。在风化过程中，伊利石和白云母都将除去钾，并有水进入晶层之间。在这两种矿物及蒙脱石和蛭石中，以下氢氧化物沉淀在层间位置，便形成了类绿泥石矿物。氢氧化铝、氢氧化铁很可能在酸性至弱碱性环境沉淀，而氢氧化镁则在碱性环境沉淀。土壤绿泥石中的三水铝石层很少是完整的，其中的三水铝石可能仅存在于某些晶层之间，而在另外一些晶层之间则没有，或者可能被一部分水分子隔开以孤岛形式存在。

绿泥石多型发育，多型的种类与其成分的变化和形成条件有关。晶体呈假六方片状或板状，薄片具挠性，集合体呈鳞片状、土状。颜色随含铁量的多少呈深浅不同的绿色。玻璃光泽至无光泽，解理面可呈珍珠光泽。相对密度 2.6～3.3，摩斯硬度 2～3。绿泥石主要是中、低温热液作用，浅变质作用和沉积作用的产物。在火成岩中，绿泥石多是辉石、角闪石、黑云母等蚀变的产物。富铁绿泥石主要产于沉积铁矿中。由海相沉积而成的鲕绿泥石，达到工业利用指标的，可作铁矿石开采。绿泥石矿石见图 3-19。

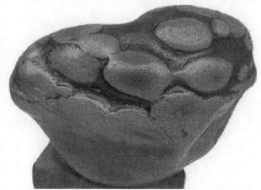

图 3-19　绿泥石矿石

3.3.5   凹凸棒石

凹凸棒石（坡缕石）是具有纤维状结构和链层状结构的黏土矿物。Bradley（1994）对此类矿物所提倡的结构是具有五个八面体位置（四个已被填充）、并已在八面体层的上下均由四个 Si 四面体的 2∶1 型层状结构所组成，其中四面体的角顶均指向八面体层。1980 年，Bradley 对其 1940 年提出的晶体结构进行修正，所得结构图如图 3-20 所示。Drits 和 Aleksandrova 对凹凸棒石的数据进行深入分析，发现八面体层中每五个八面体就有一个空位。

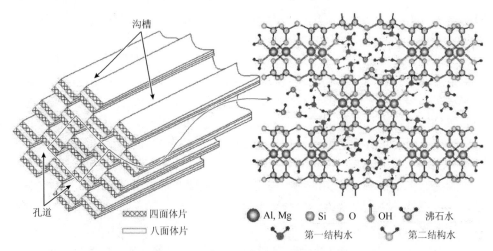

图 3-20   理想凹凸棒石晶体结构示意图

Galán 和 Garretero 也证实了具有链状结构的凹凸棒石八面体位置中约有 1/5 为空位，剩余四个位置被 Mg^{2+}、Al^{3+} 和 Fe^{3+}（或 Fe^{2+}）所占据。二价离子与三价离子的比值接近 1.0，且几乎没有四面体的取代。因此，与海泡石的三八面体晶体结构不同，凹凸棒石更接近二八面体结构。当 Al^{3+} 的占有率小于 65% 时，在没有半径较大的 Fe^{3+}、Fe^{2+} 等离子存在的情况下，层内应变将沿着一个方向增大，此时层的宽度只限于五个八面体位置。在这五个八面体位置间隔内，层应变充分积累，硅氧四面体层被迫翻转，以适应这种应变。若八面体层内大的阳离子（Fe^{3+}、Fe^{2+}、Mg^{2+}）的相对数量增加（占八面体阳离子总数量的 80%～100%），层应变则略微减小，于是八面体在四面体被迫翻转之前，可延长达八九个八面体位置（海泡石）。Guggenheim 和 Eggleton 提出把海泡石和凹凸棒石归为一族，这种分类方式得到了黏土矿物学会的认可，并列入了 Guggenheim 等提出的相关黏土矿物命名委员会的摘要。因此，凹凸棒石的基本结构特征为连续的四面体层和不连续的八面体层构筑成规则通道，其中填充水分子，其晶体结构如图 3-21 所示。

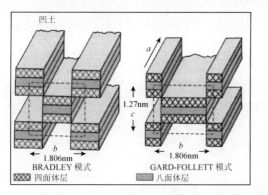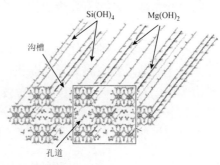

图 3-21　凹凸棒石晶体结构模型

　　类质同晶置换的结果使凹凸棒石不能像理想的结构一样呈现三八面体，而更多的是以二八面体或二八面体及三八面体过渡态形式存在。理想的三八面体通常是富镁，晶体结构缺陷少，在成矿过程中棒晶发育较好，长径比较高，同时富镁使其具有优异的水化性能和耐电解质性能，所以能够表现出优异的胶体性能，是制备高性能无机凝胶的理想原料。相比之下，二八面体凹凸棒石镁含量低，结构缺陷使其棒晶发育不理想，长径比不高。这类凹凸棒石的胶体性能不理想，是典型的吸附型凹凸棒石，是制备吸附剂的理想原料。

　　凹凸棒石的理想结构式为$[Mg_5][Si_8O_{20}(OH)_2(OH_2)_4·4H_2O]$，其中铝和镁离子具有相同的值。然而，凹凸棒石黏土在形成过程中由于类质同晶置换现象，实际产出的凹凸棒石的晶体结构与理论结构式存在一定的差异，使其结构式表达变得困难，而结构式的确定也是对其真实取代情况的最直接反映。在晶体结构中，取代离子不同或取代位置不同都会引起结构中可交换阳离子、沸石水和空缺位置发生变化，从而在晶体中产生结构缺陷。这种缺陷是凹凸棒石性状多元化的重要原因，尤其在吸附方面。凹凸棒石晶体结构中的四面体层的类质同晶置换比较少见，八个四面体位置主要被 Si 占据，仅有少量位置（0.1%～8.25%）被铝占据。但是八面体位置上阳离子的类质同晶置换较为普遍，通常 Al 能占据八面体位置的 28%～59%，其他离子包括 Fe^{2+}、Fe^{3+} 和 Mn^{2+} 及少量的过渡金属离子都可以占据八面体位置。

　　文献表明，凹凸棒石中的 Al_2O_3 的含量在 2.41%～24.4%，平均值约为 13.17%。MgO 含量介于 2.33%～22.9%，平均值约为 11.65%。García-Romero 等将 Al_2O_3 和 MgO 含量范围限制得更窄，分别为 7.52%～15.88%和 10.75%～19.82%。从理论上讲，Al_2O_3 和 MgO 含量应呈现此消彼长的变化趋势，数据表明，$MgO/Al_2O_3\text{-}Fe_2O_3 > 0.5$，可以说明多数天然矿物与理想的凹凸棒石相比更贫镁，这也代表整体凹凸棒石黏土矿化学组成，尤其是 MgO 含量的分布情况。富镁的凹凸棒石黏土矿物较少，仅在西班牙、俄罗斯和中国东部等少数地壳中有分布。

多数文献报道认为天然凹凸棒石黏土均有不同程度的含铁量。理论上凹凸棒石中的 Fe_2O_3 含量可达 14.8%，但是在已有文献中，其含量仅为 4.35%左右，当凹凸棒石中 Fe 对 Al 的取代程度较大，使 Fe 的含量大于 Al 时，可称为富铁凹凸棒石。对于其他过渡金属离子的取代，则对钛的关注较多，研究一致认为凹凸棒石含有少量二氧化钛。在实际使用过程中，可根据需要采用人工改性方法（水热处理和溶剂热处理），将所需的过渡金属离子交换到矿物的骨架结构中，改变凹凸棒石的理化性能，以满足不同的要求，见表 3-4。

表 3-4　不同地区和国家凹凸棒石黏土的化学组成

取样地点	质量分数/%						
	Al_2O_3	Na_2O	MgO	CaO	SiO_2	K_2O	Fe_2O_3
甘肃临泽	16.59	1.35	8.63	4.55	57.06	3.51	6.11
甘肃会宁	17.44	0.98	4.72	3.58	58.59	4.04	5.39
江苏盱眙	10.25	0.11	13.52	1.82	66.43	1.12	5.51
安徽官山	8.58	0.17	10.02	0.43	62.66	0.98	4.35
安徽明光	8.74	0.12	15.31	2.55	67.12	0.79	5.37
美国	10.98	—	12.03	7.72	62.59	0.83	3.83
墨西哥	8.19	0.10	14.05	0.43	72.90	0.80	3.54
希腊	6.96	0.60	10.80	<0.1	58.90	0.36	10.6
印度	7.07	0.97	18.84	4.16	48.38	0.45	3.10
西班牙	13.12	0.25	11.57	0.19	58.64	0.66	3.12
乌克兰	10.31	0.11	7.03	0.32	53.23	0.81	7.33
俄罗斯	14.01	0.23	8.23	6.71	50.69	1.70	7.55
乌兹别克斯坦	7.45	0.92	4.08	15.79	44.96	1.08	3.38

3.3.6　混层黏土矿物

混层（或者间层）黏土矿物是指各个晶体均由数种单位晶胞或者由两种或两种以上类型的基本结构单元层所构成的黏土矿物。绝大部分黏土矿物很可能都是由一些成分不同的间层所构成的。在大多数情况下，它们之间的差别用常规的分析方法检测不出来。在许多这类黏土中，一部分是有序间层的，一部分是无序间层的，因此 X 射线数据非常复杂。最常见的混层黏土类型是由膨胀的含水层和收缩的非含水层（即伊利石-蒙脱石、绿泥石-蛭石、绿泥石-蒙脱石）组成。这些黏土大部分是通过从伊利石或者绿泥石的晶层淋滤出部分 K^+ 或 Mg^{2+} 而成，也可以由 K^+ 或 Mg^{2+} 不完全吸附在类蒙脱石层或类蛭石层上而形成。虽然这类黏土极普遍地形成于风化期间或埋藏之后，但经常见到的则大多为热液成因。

无序混层伊利石-蒙脱石 [图 3-22（a）] 是最为丰富的一种混层黏土矿物，其中，伊利石层和蒙脱石层以各种比例交互连生，其中可膨胀层含量从小于 10%到 60%。混层伊利石-蒙脱石是通过云母和伊利石的蚀变、热液作用、火山玻璃的蚀变及蒙脱石的成岩蚀变而形成的。膨胀黏土在埋藏期间的成岩变化，是混层伊利石-蒙脱石的一种主要来源。在大陆的风化作用期间，K^+从云母和伊利石中被淋洗出来，便形成了混层黏土。当这些黏土被搬运入海时，有可能再吸附钾，从而部分或全部地恢复成伊利石。如果它们仍留在不可能获得 K^+ 的大陆环境中，膨胀层就会继续存在，并一直到获得 K^+ 时为止。以这种方式形成的膨胀层所带的电荷，要比在海洋环境中所形成的膨胀层所带的电荷高。许多风化的云母和伊利石可以完全淋滤出 K^+，并具有蒙脱石的膨胀性。这类物质通常被淋滤到使某些层的层电荷大大降低的程度，这样，它们将不再收缩到 10Å。当这些黏土受到海水或任一 K^+ 的来源影响时，只有一部分的晶层收缩，于是形成了某种混层黏土。各晶层可以成有序间层或者成无序间层。

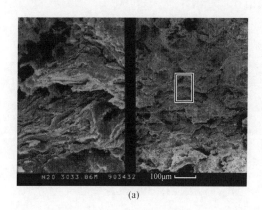 

(a) (b)

图 3-22 电镜图

（a）伊/蒙混层电镜图；（b）伊/绿混层电镜图

储量较多的混层黏土类型还有绿泥石层与 2：1 型含水层交互连生所构成 [图 3-22（b）]。混层绿泥石-蒙脱石产于石灰岩、白云岩、蒸发岩、页岩、粉砂岩及热液矿床中，其母质可能是一种类蒙脱石矿物（在大多数情况下可能是碎屑的）。

此外，黏土是复杂的混合体系，除了上述有显著晶体结构的组分外，还有一类非晶质结构的物质，水铝英石是其中典型代表。水铝英石主要由氧化硅、氧化铝和水组成的一种细粒状非晶物质。水铝英石并不是氧化铝和氧化硅的细粒状机械混合物，而是以共沉淀的硅铝凝胶通过化学作用结合而成。其外貌既有玻璃状的，又有土状的。由于有其他离子的普遍存在，它可能有各种各样的颜色。水铝英石经常作为一种蚀变产物，是很多土壤中的主要矿物组分。在某些条件下，它可以结晶形成埃洛石和类埃洛石黏土。

第 4 章　黏土的表征分析方法

自 1912 年劳厄（Laue）把 X 射线衍射用于矿物晶体结构的表征之后，黏土矿物研究进入了一个新阶段。随着新技术手段的发展，又相继出现了从不同角度研究黏土矿物的方法，如差热分析、红外吸收光谱、电子显微镜、核磁共振以及流变及悬浮等胶体分析表征手段，综合表征方法的应用使黏土矿物的研究工作不断深入发展。

4.1　样品的制备

黏土矿物颗粒极细，经常与非黏土矿物，如长石、石英、方解石、铁的氧化物和有机质等形成一些复杂的混合物。为了正确鉴定黏土矿物，样品必须经过严格的分选，以除去非黏土矿物和有机质等杂质，从而富集黏粒。分析鉴定中，如果有机质和铁质含量不大，则无须处理，直接提取黏粒检测。

黏粒的提取：提取黏粒务必不可将岩石研磨，一定要使岩石保存在自然状态下，通过温和的作用方式让各种矿物颗粒充分分散，然后提取黏粒。黏粒提取的具体方法为：30g 样品敲击破碎后，放入 0.1mol/L 的盐酸中，使碳酸盐溶解；去除上清液，蒸馏水洗至氯离子全部被洗去为止；机械搅拌 30min 使黏粒充分分散，可加几滴氨水促进分散。常用分散剂为氨水、六偏磷酸钠、氢氧化钠和聚丙烯酸钠等，分散剂使用后必须清除干净；湿筛过 80 目筛，筛上粗粒洗净干燥；悬浮浆料搅拌后静置一定时间，以斯托克斯公式计算后，高速离心提取小于 2μm 的黏粒。反复操作直至悬浮液中的黏粒分别抽提完为止；抽提后的黏粒一律以 50℃以下温度烘干备用。

碳酸盐的去除：取一定数量的有代表性的标本破碎（如为土样，则可采用风干土，拣去杂质），四分法取样品 20～50g，通过孔径为 0.1mm 的筛子。样品放入 3%盐酸中搅拌，重复操作至无气泡放出，调整 pH 为 4 左右，静置过夜，以蒸馏水洗涤数次。如样品中无碳酸盐或含量很低时，则不必进行这个步骤。

有机质的去除：将已除去碳酸盐的样品放入烧杯中加入少量的蒸馏水，40℃水浴缓缓加入 20～50mL 30%的过氧化氢，直至无气泡（有机质分解）放出为止。然后加入 100～200mL 蒸馏水，煮沸去除多余的过氧化氢，静置过夜去除上清液。

游离铁的去除：将上述样品加入 pH=7.3 的柠檬酸钠缓冲热液 100～200mL，

60℃水浴搅拌下，加入连二亚硫酸钠 1～3g 并搅拌 15～20min。这时三价铁还原为二价铁，形成柠檬酸亚铁，样品由红色变成灰白色。离心去除上清液，蒸馏水洗涤两三次。若分离困难，可加入固体 NaCl 和丙酮，使悬浮液絮凝便于分离。

方英石的去除：方英石在许多黏土中均有存在，且粒度极其细小，较难沉降分离，3%的 NaOH 可以去除方英石且对黏土矿物本身无影响。将浓度为 3%的 NaOH 加入黏土样品中，α-方英石（SiO_2）与 NaOH 反应生成可溶性的 Na_2SiO_3 进入溶液，从而达到完全去除方英石的目的。

非晶质的去除：将上述样品移至坩埚中，加入浓度为 2%的 Na_2CO_3 溶液，使 pH 为 10 左右，在不断搅拌下，煮沸 5min 后，迅速冷却至室温，离心分离弃去上清液即可。

重液离心分离：主要是利用不同黏土矿物或黏土矿物与非黏土矿物之间的相对密度差异来进行分离的方法。这种方法可用于经过筛分的有一定粒度范围的样品，使用的是高相对密度的溶液：杜列重液（碘化汞-碘化钾溶液）可在相对密度 1～3.2 任意比调整；三溴甲烷（相对密度为 2.9 的挥发性液体）可成功分离黏土矿物和水铝石；二碘甲烷（相对密度为 3.333 的黄色到红褐色液体）可有效分离黏土与非黏土矿物；克列里奇液为蚁酸铊的水溶液，通过调节溶液浓度可以将相对密度在 2.0～4.2 范围调整。以甲醇浸润黏土，后放入相对密度不同的重液，在 2000r/min 下离心分离 12～14h，可将石英（2.6）、高岭石（2.48）、白云石（2.22）和蒙脱石（<2.20）的混合物有效分离。

4.2　X 射线衍射分析法

由于黏土矿物晶体结构上的相似性，常使黏土矿物产生相似的 X 衍射数据，因此在正确处理样品的基础上，还常常需要利用各族黏土矿物晶体结构上的特殊性，进一步以物理或化学方法处理黏粒样品，以达到正确区分各种黏土矿物的目的。样品的制备可分为定向薄膜和无定形粉末样品两种：定向薄膜样品制备为将样品配置成悬浊液，均匀滴在载玻片上，室温干燥后即可用于分析。还可对黏土进行乙二醇、甘油及各种离子饱和溶液处理，此时不同黏土经上述处理后结构发生不同变化，其衍射峰形状、位置也发生不同的变化，可以用于有效的定性定量分析。无定向粉末样品制备：将小于 2μm 的黏粒粉末直接压入衍射仪样品板孔中，需注意样品表面一定为平整光滑，且与样品板表面高度一致。

晶体的空间网格结构可以被用作 X 射线的光栅。当 X 射线通过晶体后会发生衍射（图 4-1），其发生的方向改变符合布拉格公式：

$$d_{(hkl)} = \frac{n\lambda}{2\sin\theta}$$

式中，d 为晶体结构中的面网间距值；θ 是入射线与反射面网间的夹角，称掠射角或布拉格角；n 为反射级数，为整数，表示两个相邻面网反射线之间的光程差是波长 λ 的 n 倍。

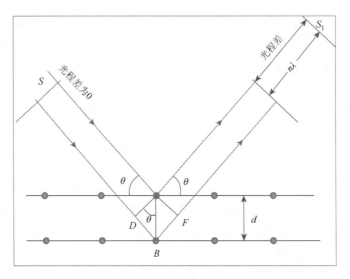

图 4-1　布拉格衍射示意图

对于确定的晶体来说，它的面网间距 d 是确定的，当入射 X 射线的波长一定时，由上述公式可知，因为 n 只能取整数，能够满足布拉格公式条件的反射掠射角 θ 值必然也是不连续的确定值，即衍射线的方向仅与晶体结构中单位晶胞的形状和大小有关。衍射线的相对强度则取决于所包含的原子种类和它们在晶胞中的相互配置。反射掠射角 θ 值和相对强度对具体晶体而言是具有特征性的，因此可以根据衍射数据来鉴别晶体结构，即通过将未知物相的衍射花样与已知物相的衍射花样相比较，可以逐一鉴定出样品中的各种物相。随着计算机技术和数据库的发展，物相分析逐渐进入了自动化检索阶段，可以通过计算机数据库直接进行检索。利用 XRD 不仅可以对物相进行定性分析，还可以进行定量分析。由于特征衍射线的强度与物相质量成正比，各物相衍射线的强度随该相含量的增加而增加。利用这一原理就可以对其中的物相强度进行定量分析。目前对于 XRD 物相定量分析最常用的方法主要有单线条法、内标法、直接比较法、增量法和无标法。表 4-1 为主要黏土矿物的特征衍射峰的晶间距、峰强等信息一览表。

表 4-1　主要黏土矿物的 $d_{(001)}$ 值和基面衍射强度

矿物		$d_{(001)}$ /$\times 10^{-1}$nm	(001) 衍射峰的强度					$d_{(060)}$ /$\times 10^{-1}$nm
			$L=1$	$L=2$	$L=3$	$L=4$	$L=5$	
高岭石族		7.15~7.20	100	90	15	10	4	1.489
Mg-蛇纹石		7.25~7.35	100	100	—	20	20	1.536~1.540
Fe-蛇纹石		7.04	100	100	—	—	5	1.555
叶蜡石		9.20	80	30	100	5	10	1.493
滑石		9.35	vs	w	s	vm	m	1.527
蒙皂石	二八面体	←　　　　　　不定　　　　　　→						1.49~1.50
	三八面体	←　　　　　　不定　　　　　　→						1.52~1.54
蛭石		14.3	100	10	15	30	40	1.541
白云石		10.0~10.05	100	55	100	20	75	1.499
金云母		10.0~10.05	100	20		30	65	1.538
黑云母		10.0	100	20	90	10	10	1.530
绿磷石		9.95	50		70		10	1.510
海绿石		9.95	100		60		20	1.511
钠云母		9.62	30				30	1.481
绿泥石（Mg）		14.15~14.35	70	100	50	80	30	1.549
绿泥石（Fe）		14.10~14.25	20	100	20	50	10	1.560
海泡石		$d_{(110)}$=12.1~12.3, I=100; $d_{(131)}$=4.30, I=25~40						—
坡缕石		$d_{(110)}$=10.4~10.5, I=100; $d_{(131)}$=4.25, I=10~30						—

注：vs 表示很强；s 表示强；w 表示弱；m 表示中等（Brown and Brindley，1980）。

定性样品的定性分析方法一般是对自然定向样（未经任何后处理的定向样品）、饱和处理样和加热处理样（一般 550℃恒温 2h）分别进行衍射实验，然后根据衍射谱上峰位置及变化情况，确定黏土的类型，表 4-2 为主要黏土矿物经各种处理前后的一级衍射峰 d 值表。

表 4-2　主要黏土矿物部分特殊处理后的第一级低角度衍射的 d 值（单位：10^{-1}nm）

矿物	自然风干 50%R.H.	乙二醇处理	加热/℃		CsCl-水化-DMSO 嵌合处理	反射消失温度/℃	参考标志
			350	550			
伊毛缡石	20~12B	20~12B	19 或 D	D	—	300~450	潮湿条件下，19×10^{-1}nm 尖衍射逆转
高岭石	7	7	7	D	11	500~550	二级衍射峰在 3.57×10^{-1}nm 左右
地开石	7	7	7	7 或 D	11	550~650	—
珍珠石	7	7	7	7 或 D	11	550~650	—

续表

矿物	自然风干 50%R.H.	乙二醇 处理	加热/℃		CsCl-水化-DMSO 嵌合处理	反射消失 温度/℃	参考标志
			350	550			
埃洛石 （2H₂O）	7	7	7	D	11	450~520	4.43×10⁻¹nm 衍射峰常呈楔形
埃洛石 （4H₂O）	11	10	7	D	11	450~520	—
蛇纹石	7	7	7	7 或 D	7	575~700	—
滑石	9.4	9.4	9.4	9.4	9.4	850~1000	—
叶蜡石	9.2	9.2	9.2	9.2	9.2	600~850	—
云母 （伊利石）	10	10	10	10	10	800~1000	—
蛭石 （Mg, Ca）	14	14	10	10	18	700~1000	—
蛭石（K）	10	10~14	10	10	18		—
绿泥石 （富 Mg）	14	14	14	14	14	800	500~600℃时，14×10⁻¹nm 衍射峰强度增加，其他级次的强度或消失；（004）衍射峰为 3.52×10⁻¹nm，有时与高岭石的（002）衍射峰分解；富 Mg 绿泥石的 $I_{(001)}/I_{(002)}$ 比值大
绿泥石 （富 Fe）	14	14	14	14	14	650	
蒙皂石 （Mg, Ca）	15	17	10	10	18	700~1000	—
蒙皂石（K）	12	12~17	10	10	18		
坡缕石	10.5	10.5	10.5+9.2	9.2	10.5	700	
海泡石	12.2	12.2	12.2+10.4	10.4	12.2	700	150℃时，10.5×10⁻¹nm 衍射峰的强度明显增加

注：R.H.表示相对湿度；B 表示宽衍射峰；D 表示衍射消失；I 表示衍射强度；表中的 d 值均为近似值（Eslinger and Pevear，1988）。

凹凸棒石的 X 射线衍射图谱上出现 $d_{(110)}10.40$Å、$d_{(200)}6.40$Å、$d_{(130)}5.4$Å、$d_{(040)}4.46$Å、$d_{(240)}3.65$Å、$d_{(400)}3.2$Å、$d_{(440)}2.58$Å 等衍射峰，其中 $d_{(110)}10.40$Å 是凹凸棒石最强衍射峰，也是特征峰，常作为凹凸棒石区别其他矿物的标志，不同地区或不同成因的凹凸棒石该峰出现的位置略有差异。图 4-2 为不同成因凹凸棒石的 X 射线衍射图，其中热液型凹凸棒石的衍射峰强度比沉积型要大很多，这是其结晶度差异导致的。在实际物相分析中，凹凸棒石特征衍射峰强度受到结晶度和含量两个因素影响，如果不考虑结晶度差异而使用同一个 K 值去计算凹凸棒石含量会导致较大误差。因此，在凹土组成定量分析时必须考虑成因和形成环境的差异。

热液型和沉积型的衍射峰非常一致，但在 20°～45°区有微小差别，沉积型在 20°左右出现 0.45nm、0.425nm、0.413nm 和 0.40nm 衍射峰，而热液型凹凸棒石在此区间仅出现 0.45nm 和 0.413nm。根据 Christ（1969）和 Chisholm（1992）提出的区分凹凸棒石结构的判别方法，苏皖凹凸棒石属于单斜结构类型（图 4-2）。

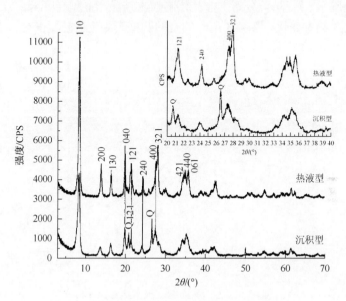

图 4-2　两种不同成因的凹凸棒石黏土的 XRD 图

4.3　热分析法

热分析技术是在程序变温（等速升温、等速降温、恒温或程序升温等）控制下测量物质的物理性质随温度的变化，用于研究物质在某一特定温度所发生的热学、力学、电学、光学和声学等物理参数的变化，由此进一步研究物质结构与性能间的关系或反应规律等。凡在加热（或冷却）过程中，因物理-化学变化而产生吸热或放热效应（表现为失水、氧化、还原、分解、晶格结构的破坏或重建、晶型转化等）的物质都可以用热分析方法加以分析或鉴定。热重分析（TGA）、差热分析（DTA）和差示扫描量热法（DSC）是黏土分析中较为常用的三种分析手段。

热重分析法是在温度程序变化下测量试样的质量与温度或时间关系的一种方法。目前，热重分析法已成为热分析中应用最广泛的一种重要分析技术。物质在温度作用下，随着温度的变化，会产生相应的结构或理化性质的变化，如水分蒸发、结晶水的脱除、低分子易挥发物的逸出、物质的分解和氧化等。如果将物质的质量变化和温度变化的信息记录下来,就得到了物质的质量与温度的关系曲线,即热重曲线(TG曲线)。用热重分析法可以求质量或质量变化与温度的关系。若求质量变化速率与温度的关系,则需要将质量对温度求导,这就是微商热重法(DTG)描述质量变化速率的曲线。黏土矿物是一种含水的层状铝硅酸盐,被加热时常会出现脱水(羟基)、分解、非晶体物质重结晶和晶型转变等,自身结构理化特性决定上述热重变化。图4-3所示的是凹凸棒石黏土的热重变化(TG-DTG)。

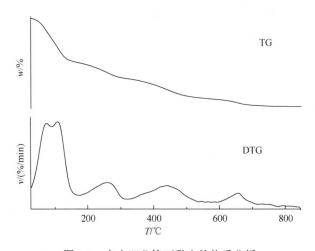

图4-3 官山凹凸棒石黏土的热重分析

从图中TG曲线可以看出,凹土(即凹凸棒石黏土)有四个失重阶段,分别是表面物理吸附水和部分沸石水脱出阶段(12.5wt%,wt%表示质量分数),对应DTG第1吸热峰,最大失重发生在109℃。DTG第2吸热峰对应脱除剩余沸石水阶段(4.2wt%),最大失重发生在252℃;而Kuang等把第二个失重峰归因于凹凸棒石孔道内的剩余沸石水和少量第一结晶水的脱除。剩余第一结晶水和第二结晶水的脱除阶段(5.2wt%),对应DTG第3吸热峰,最大失重发生在441℃。结构水脱除阶段(2.1wt%),对应DTG第4吸热峰,最大失重发生在657℃。文献中报道的凹凸棒石脱除结构水的温度区间为580~950℃,最大放热峰860℃。天然产出的凹凸棒石中一般伴生有碳酸盐矿物,所以热失重曲线上第四失重平台是由与Mg配位的OH结构水的去除和碳酸盐杂质的灼烧引起的。

差热分析(DTA)的基本原理是将被测物质与参比物质放在同一条件下的测温热电偶上,在程序温度控制下,测量物质与参比物质之间温度差及温度变化。在程序升温或降温下,在一定温度范围内,参比物是没有吸热或放热效应的,如α-Al_2O_3在0~1700℃没有吸热或放热效应,而试样在一定的升温或降温范围内常常伴有热效应发生。高岭石加热时,在差热曲线上有两个主要的热效应,晶体结构脱羟基所引起的 610℃左右的大吸热谷，因脱羟基后晶格被破坏形成新晶相所带来的 980℃左右强烈的放热峰。埃洛石与高岭石结构一致，仅在晶层间夹一层水分子，所以在 130℃左右有一个显著的吸热谷，7Å 型埃洛石吸热谷较小，而 10Å 型埃洛石的吸热谷较大。伊利石具有三个中等强度的吸热效应：100～160℃是吸附水脱除吸热谷；500～670℃是与蒙脱石相似的脱羟基吸热谷；第三个吸热谷在 820～900℃，有时会直接过渡到不大的放热峰，则与形成尖晶石有关。蒙脱石的热效应一般具有三个吸热谷：第一个吸热谷在 80～250℃，是由层间水和吸附水引起的，若层间阳离子为一价时，脱水温度相对较低，出现一个单谷吸热效应；多价离子混合存在时表现为复谷，且复谷的大小、宽度受多重因素决定。

4.4　微观形貌表征

　　黏土矿物颗粒细小，种类繁多，且常以多种矿物交织胶结同时出现，因此常常造成鉴定分析上的困难。根据电子显微镜下的颗粒形态、大小、厚薄、轮廓线的形状及其清晰程度、集合体形态等，结合 X 射线衍射分析方法，可以迅速鉴定黏土矿物的种类、共生组合及相对含量，乃至矿物之间的转变。通过电子衍射分析方法还可以了解晶体结构的某些特质，如晶体缺陷和超结构等。根据（060）反射值可以区分层状黏土矿物晶体中的二八面体（约 1.51Å 以下值）和三八面体（约 1.51Å 以下值）。这些结构不仅有助于准确鉴定物相，也有助于研究物相间的相互转变及探讨矿物成因。

4.4.1　制样

　　黏土矿样的分散固定方法分湿法和干法两种。湿法是用蒸馏水、酒精或二者的混合溶液作为分散剂，把黏土样品制备成高浓度悬浮液或糊状。其优点是有利于黏土颗粒牢固附于支持膜或样品柱台上；缺点是容易形成较大厚度，影响观察。干法是将样品粉末直接散布在支持膜或样品柱台上，优点是制样快且保存样品天然状态，缺点是容易脱落，一旦落入电子通道内，将影响成像质量。因此，一般高性能电镜不允许干法分散固定。透射电镜大约允许 0.2μm 的样品厚度，因此不能像扫描电镜那样直接观察块状样品，必须把块状样品制备成能透过电子的薄膜。研磨法和压碎法是制备矿物薄膜的最简单快速的方法，但会影响晶体形貌的完整性。通常在电镜视域中找到有部分完整棱角的晶体，对多个颗粒进行综合分析，就有可能获得完整的晶体形态。对易剥离的片状矿物（如云母）可采用剥离法。离子减薄法也称离子轰击法。这种方法脱离了对矿物解离的依赖，能够制备任何结晶学方位的定向薄膜。

4.4.2　高岭石族

高岭石族包括高岭石和蛇纹石两个亚族。其中高岭石亚族包括高岭石、埃洛石、地开石和珍珠石等矿物。本亚族矿物的形态特征变化很大，例如，高岭石以规整的片状区别于管状埃洛石，而地开石和珍珠石的巨大晶体微粒特征使其可以在光学显微镜下观察分析。高岭石亚族的形态变化依赖于层间键的强弱变化和层内结构单元间的应力变化。其层间键的强度由强变弱的顺序是：珍珠石→地开石→高岭石→埃洛石→水铝英石，其晶体结构的有序度由高到低也是依上述顺序排列的。地开石属三维有序结构，电镜下有时呈蠕虫状，其形态特征为自形假六边形大晶体，光学显微镜就可以有效研究其晶体形态及光学性质。珍珠石晶体结构有序度高，层间结合力大，能在 c 轴方向良好生长，形成较大晶体。微观形貌与地开石相似，都呈假六角形片状晶体。埃洛石分 7Å 和 10Å 两种类型。它们在电镜下呈管状或卷曲片层状，有的会呈缠绕球形。水铝英石是非晶质的或接近非晶质，电镜下为球形，多为球粒集合体，有些颗粒为不规则的多面体。

高岭石微观形貌大致有以下三种形态（图 4-4）：自形高岭石，（001）底面呈典型的假六角片状或略向一方延长的板状晶体。（110）面和（010）面明显可见。晶体轮廓清晰，对边平行，夹角约为 120°。通常晶体厚度大而均匀，有序度高。自形高岭石主要与热液蚀变作用有关。半自形至他形高岭石多属 b 轴无序型，在电镜下呈不规则的片状晶体，六角形轮廓不清晰，角变圆滑，棱变弯曲。以他形颗粒为主的高岭石多数与煤系地层有关。半自形高岭石介于他形和自形之间。大多数显示不完整六角形轮廓，但常有一条以上的平直边及近 120° 的夹角。半自形高岭石分布最广。结晶度高的高岭石晶粒较大，宽 0.5mm 左右，最宽可达 2mm；长 1~2mm，最长可达 1cm，有"巨晶高岭石"之称。煤系或花岗岩防护残积和风化淋滤型中都常出现结晶度好的高岭石。他形和半自形之间并没有严格的分界线，同一矿区的不同部位或同一成因类型的不同地区的高岭石形态也有变化。

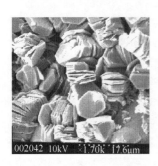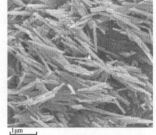

图 4-4　高岭石的微观形貌

蛇纹石亚族的同质多相和多型变体很多。纤蛇纹石电镜下为管状显微,其长径比要比埃洛石大得多。单根显微的粗细较均匀,纤维呈束状集合体。叶蛇纹石呈片状或板状,往往具有接近直角的解理。纤维状叶蛇纹石和纤蛇纹石不易区分,但通过 X 射线衍射结构分析或电子衍射分析就可以鉴别,叶蛇纹石晶胞的 a 轴较长(多数在 40Å 左右),易于鉴别。利蛇纹石是蛇纹石矿种的一个多型,与叶蛇纹石的区别在于它除了底面之外没有其他良好解理,是最接近片层的理想结构。

4.4.3　蒙皂石族

蒙皂石族分为蒙脱石和皂石两个亚族。蒙皂石族的形态特征是轮廓线不清晰、不规则、不平直,常以集合体形式出现。大多数集合体的厚度由中心向外逐渐变薄。在黏土矿物中,蒙皂石族的矿物种类最多,且有许多过渡型矿物,因此其形态也呈现多样性,见图 4-5。

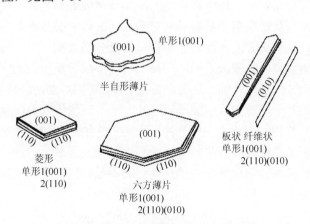

图 4-5　蒙皂石族矿物晶体的一般形状

蒙脱石多有无定形板状的,如观察多直线边缘的则可推测为结晶度较好的种类。例如,钠基蒙脱石电镜下常表现轮廓线清晰,呈现片层折叠、海绵状集合体或树枝状集合体,见图 4-6。

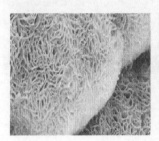

图 4-6　蒙脱石电镜图

　　绿脱石在电镜下颗粒轮廓线清晰,常呈现由一端向另一端逐渐变薄的板条状,颗粒两边近于平行,呈锯齿状(部分呈羽毛状)。

　　皂石亚族包括皂石、锌皂石和累托石,均属三八面体型。皂石在电镜下呈板状,有些皂石呈不规则的片层状集合体,轮廓线不清晰,边缘常卷曲。累托石电镜下为带状晶片折叠而成的集合体,轮廓线清晰。

4.4.4　海泡石族

　　海泡石族主要包括海泡石和凹凸棒石黏土两个成员,下面以凹凸棒石为例。沉积型凹凸棒石晶体直径为 20～40nm,热液型凹凸棒石晶体直径为 30～70nm,反映出热液型凹凸棒石的结晶度比沉积型高,与 XRD 分析结果一致,凹凸棒石(110)特征衍射峰的强度受到凹凸棒石结晶度影响。化学沉积型和转化型凹凸棒石的形态特征有明显差异。化学沉积型凹凸棒石晶体表面光滑,晶体细长,常形成晶束,凹凸棒石沉积在白云石等晶间空隙。切面显示凹凸棒石晶束间有纳米尺度的晶间空隙,这和 BET-N$_2$ 比表面积测试孔径分别数据一致。转化型凹凸棒石保留蒙脱石晶体假象,为蒙脱石向凹凸棒石转化形成的蒙脱石和凹凸棒石的嵌生体,表现为棒状凹凸棒石平行于蒙脱石基面生长。解离后的凹凸棒石表面不光滑,多连生有直径仅几个纳米的次生蒙脱石晶片,不呈束状排列。图 4-7 为凹凸棒石电镜下的微观形貌图,充分证实凹凸棒石一维天然纳米材料的特征;其横切面的四边形特征表明凹凸棒石晶体平行 c 轴的四个柱面发育较好;凹凸棒石的吸附性能及胶体性能是凹凸棒石纳米效应的体现,而不是单层的表面电性和内孔道所产生的内表面吸附。

(a)　　　　　　　　　　　　　　　　(b)

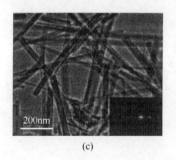  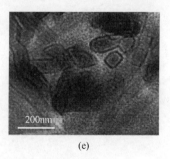

(c)　　　　　　　　　　　(d)　　　　　　　　　　　(e)

图 4-7　凹凸棒石的 SEM 图 [(a) 和 (b)] 与 TEM 图 [(c) ～ (e)]

(a) 凹凸棒石沉积在白云石晶间空隙；(b) 转化型凹凸棒石；(c) 热液型凹凸棒石；
(d) 转化型凹凸棒石；(e) 凹凸棒石横切面

4.5　红外光谱分析

物质在接受电磁波后，组成物质的微粒随即产生振动，不同晶体结构的矿物在红外波谱范围内也具有自己的特征光谱。红外光谱中的吸收峰位置及强度变化与结晶度、粒度及类质同晶置换等很多因素有关，从而在黏土矿物中体现出不同类型的差异，因此可以用于矿物鉴定。

通过红外光谱分析可以获得有关 H_2O 和 OH 的信息。在 1:1 型黏土矿物中，OH 可区分为面向层间域的和处于层内八面体和四面体之间的。在高岭石族中，$3620cm^{-1}$ 附近的吸收归属为内外的 OH；$3700cm^{-1}$ 归属为外部的 OH，该峰为高岭石族的特征峰，不与其他黏土矿物的吸收峰重叠。蒙脱石在 $3500\sim3300cm^{-1}$ 附近有宽广的吸收峰，蛭石在 $3450cm^{-1}$、埃洛石在 $3570\sim3400cm^{-1}$ 处也有类似的吸收，上述吸收峰都是层间水引起的，为 H_2O 的伸缩振动峰。凹凸棒石黏土有关 H_2O 和 OH 的吸收主要有以下三处峰：$3700\sim3200cm^{-1}$ 为沸石水及表面吸附水的伸缩振动；$1700\sim1600cm^{-1}$ 为沸石水和表面吸附水的弯曲振动；结构水的伸缩振动在 $1300\sim500nm^{-1}$ 处（图 4-8）。

$$\rangle Al\!-\!OH + H^+ \longrightarrow \rangle Al\!-\!OH_2^+$$

$$\rangle Si\!-\!OH + H^+ \longrightarrow \rangle Si\!-\!OH_2^+$$

$$\rangle Al\!-\!OH + OH^- \longrightarrow \rangle Al\!-\!O^- + H_2O$$

$$\rangle Si\!-\!OH + OH^- \longrightarrow \rangle Si\!-\!O^- + H_2O$$

图 4-8　黏土表面 OH 的两性表现

Si—O 的红外吸收峰主要有：1000～900cm^{-1} 范围内的伸缩振动；460～430cm^{-1} 范围的弯曲振动。有研究表明，Si—O 吸收峰随着八面体中的 Al 减少、Mg 增加而偏向波数小的一侧，并且随着 Fe 的增加波数更低，见图 4-9。

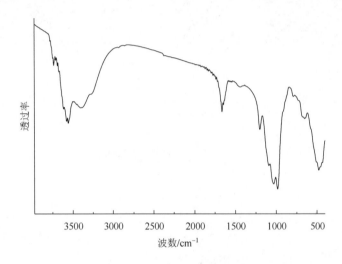

图 4-9 安徽官山凹凸棒石黏土红外光谱图

4.6 物理化学性质表征

黏土的理化性能表征主要指阳离子交换性、吸蓝量和膨胀容等。此外，根据黏土用途、吸湿性、pH 及脱色率等也是常见的黏土矿物的理化性能指标，这些参数通常是黏土品位定级和应用开发的重要依据。

4.6.1 阳离子交换

阳离子交换量（cation exchange capacity，CEC）是指黏土胶体中所能吸附各种阳离子的总量，其数值以每 100g 黏土中含有各种阳离子的物质的量来表示。黏土矿物的阳离子交换能力使其在应用方面具有很高的实用价值。

黏土晶体的电荷可分为永久负电荷和可变电荷。其中，永久电荷是由于黏土在自然界形成时发生晶格取代作用所产生的。由于晶格取代通常是低价阳离子取代了高价阳离子，产生了过剩的负电荷，因此，一般情况下黏土带负电。因介质的 pH 或介电常数改变而引起黏土所带电荷的数量改变，这种电荷称为可变负电荷。例如，黏土的表面羟基在酸性环境中与 H+反应，黏土带正电性；在碱性或中性条件下黏土表面羟基与碱作用使其带负电性。

影响黏土阳离子交换容量大小的因素主要有：黏土矿物的本性、黏土的分散性和分散相的 pH。溶液的酸碱度对阳离子交换量有较大影响，在黏土矿物化学组成和其分散度相同的情况下，在碱性环境中，阳离子交换容量变大。黏土矿物的化学组成和晶体构造不同，则阳离子交换容量会有很大差异。例如，伊利石与蒙脱石相比，虽然晶层结构相同，但由于晶格取代位置不同，因此层面电荷密度不同，水化难易程度不同。此外，当黏土矿物组成相同时，其阳离子交换容量还会随分散度（或比表面）的增加而变大。

阳离子交换容积（CEC）的测定方法很多，如乙酸铵法、氯化铵-乙酸铵法、氯化铵-无水乙醇法等，其中乙酸铵法适用于中性、酸性黏土矿物阳离子交换量的测定，氯化铵-无水乙醇法适用于碱性黏土矿物阳离子交换量的测定。对于中、碱性的蒙脱石来说，采用氯化铵-无水乙醇为提取液更合适，因无水乙醇溶液能抑制氯化铵溶液对硫酸钠、石膏、碳酸钙等化合物的溶解，可以更准确地测定出黏土矿物阳离子交换容量。代换总量的测定是根据蒙脱石矿物中有代换性阳离子能被取代液中铵离子所置换，准确地测定取代液中取代前后氯化铵含量之差，来计算交换总量。测定方法可以采用蒸馏法、甲醛滴定法、铵离子选择电极测定法等，其中甲醛滴定法大概方法如下：铵离子与甲醛可迅速化合而放出等摩尔量的酸，生成的酸用标准的 NaOH 溶液滴定，从而可计算交换容积。甲醛溶液使用前必须用 NaOH 将溶液调至中性。

交换性阳离子分析通常仅对可交换的钙、镁、钠、钾四种离子进行分析。其中，黏土中可交换的钙和镁离子测定采用乙二胺四乙酸二钠盐（EDTA）测定；可交换的钾和钠离子的测定采用火焰光度计法测定。

4.6.2　吸蓝量

黏土分散于水溶液中，其吸附次甲基蓝的量被称为吸蓝量，以 100g 试样吸附亚甲基蓝的质量（g）表示。蒙脱石含量（%）=吸蓝量/0.442（系数 0.442 仅在蒙脱石含量大于 70% 的情况下应用较为合适）。其中换算系数不是恒定的，目前美国、德国、日本报道换算系数分别为 0.460、0.464、0.560。

亚甲基蓝是一种有机极性分子，在焦磷酸钠碱性介质中，它在水溶液中产生一价阳离子，能取代蒙脱石等吸附型黏土中可交换的阳离子而被吸附，形成有机膨润土复合物。如果加入的亚甲基蓝全部被蒙脱石吸附，则试液中不存在游离状态的亚甲基蓝。若膨润土的吸附已经饱和，试液中开始出现游离的亚甲基蓝，这时即已达到终点。膨润土中的蒙脱石含量越高，吸蓝量越大。从而得出亚甲基蓝溶液的吸附量。终点的判断是靠将试液滴在滤纸上，观测滤纸上泥点周围渗出蓝绿色的晕环。

吸蓝量主要用作粗略评估膨润土矿中蒙脱石的相对含量。吸蓝量法测量简单，但是精确度不高且还存在着一些问题，但因操作简便、目前尚无理想的测定蒙脱石含量方法的情况下仍被广泛使用。膨润土属性、属型不同，则其吸蓝量可能也不同。吸蓝量也不是膨润土独有的特性，有些杂质也具有吸蓝量，因此依靠换算系数 0.442 不能准确计算蒙脱石的实际含量。此外，由于各矿区蒙脱石同晶置换程度不同，阳离子交换总量也变动，即使是纯蒙脱石的吸蓝量也不可能一致，因此借吸蓝量估算蒙脱石含量也不可能有一个统一的换算系统。为消除这种误差，可以用原矿、原矿提纯样，以及提纯后杂质矿物的吸蓝量进行加权处理或对比计算，以修正计算得到原矿中蒙脱石的含量，这样可消除膨润土属性、属型等对测定结果的影响。若要确切获得蒙脱石的含量，还要配合 X 射线衍射、差热分析及其他化学定量数据。

4.6.3 膨胀容、胶质价

吸湿性黏土遇水有明显的膨胀性能，与盐酸溶液混匀，膨胀后所占有的体积，称为膨胀率，以 mL/g 表示。黏土与水按比例混合后，加适量氧化镁，使其凝聚形成的凝胶体的体积，称为胶质价，通常以 15g 样形成的凝胶体积的毫升数表示。胶质价显示试样颗粒分散与水化程度，是分散性、吸水性和膨胀性的综合表现。蒙脱石是水化性能最强的黏土矿石之一。膨胀容和胶质价是评价膨润土矿石属型和估价膨润土质量的重要技术指标。

黏土矿物都是亲水性的，都会吸水膨胀，它的很多特性，如分散、膨胀、触变、可塑等性能都是在水介质条件下特有的。不同的黏土矿物水化膨胀的程度不同，亲水性越强，吸水量越大，水化膨胀程度越高。黏土矿物遇水后，首先经历在黏土颗粒表面吸附水分子形成水化膜的过程，然后水分子进入黏土矿物晶层间，黏土颗粒体积由小变大直至崩解，使黏土由大颗粒变为小颗粒的过程。黏土水化过程分为两个阶段：第一阶段为表面水化膨胀过程。影响黏土表面水化膨胀的三种力：晶层间的范德华力、水化能和晶层间的静电引力，其主要推动力是黏土表面水化能（水的吸附能）。黏土晶层间的表面水可以为多层的。第一层水分子与黏土表面的六角形网格的氧原子形成氢键保持在表面上。水分子通过氢键结合为六角环，第二层水以类似情况与第一层以氢键连接，以后各水分子依次与上一层以氢键连接。氢键的强度随离开表面的距离增加而降低。这是短距离范围内的黏土与水的相互作用，这个作用进行到黏土层间有四个水分子层的厚度，其厚度约为 10Å（1nm）。在黏土的层面上，此时作用的力有层间分子的范德华引力、层面带负电和层间阳离子之间的静电引力、水分子与层面的吸附能量（水化能），其中以水化能最大。水化膨胀力可达 2000~4000 个大气压。当黏土层面间的距离超过 10Å 时，表面吸附能量已经不是主要的了，此后黏土的继续膨胀是由双电层斥力和渗透压力所引起的。第二阶段为渗透水化过程。由于黏土层间吸附有众多的阳离子，层间的离子浓度远大于溶液内部的浓度。由于浓度差的存在，黏土层可看成是一个渗透膜，在渗透压力作用下水分子便继续进入黏土致密团聚体内部，引起黏土的进一步膨胀。由渗透水化而引起的膨胀可使黏土层间距达到 120Å。渗透膨胀引起的体积增加比晶格膨胀大得多，但所形成的膨胀压较小。在黏土水化膨胀达到平衡距离（层间距大约为 120Å）后，剪切力的充分作用将使黏土晶层有效剥离，黏土分散在水中，形成黏土悬浮液。

黏土矿物因其晶格构造不同，水化膨胀能力也有很大差别。同样是 2:1 型黏土，蒙脱石黏土矿物（2:1），其晶胞两面都是氧层，层间连接靠较弱的分子间力，水分子易沿着硅氧层面进入晶层间，使层间距离增大，引起黏土的体积膨胀；而伊利石（2:1）黏土矿物其晶体结构与蒙脱石矿物相同，但因层间有水化能力小的 K^+ 存在，K^+ 镶嵌在黏土硅氧层的六角空穴中，把两硅氧层锁紧，故水不易进入层间，黏土不易水化膨胀。高岭石（1:1）黏土矿物，因层间易形成氢键，晶胞间联结紧密，水分子不易进入，故膨胀性小。同时伊利石晶格置换现象少，高岭石几乎无晶格置换现象，阳离子交换容量低，也使黏土的水化膨胀差。此外，黏土吸附的交换性阳离子不同，形成的水化膜厚度也不相同，即黏土水化膨胀程度也有差别。例如，交换性阳离子为 Na^+ 的钠蒙脱石，水化时晶胞间距可达 40Å，而交换性阳离子为 Ca^{2+} 的钙蒙脱石，水化时晶胞间距只有 17Å。而水溶液中电解质浓度增加，因离子水化与黏土水化争夺水分子，使黏土直接吸附水分子的能力降低。其次，阳离子数目增多，挤压扩散层，使黏土的水化膜减薄。上述多重因素作用使黏土的水化膨胀作用减弱。

4.7　其他分析方法

4.7.1　穆斯堡尔谱

穆斯堡尔谱学是应用穆斯堡尔效应研究物质的微观结构，其能量分辨率非常高，可以用来研究原子核与周围环境的超精细相互作用。穆斯堡尔谱方法的主要特点是：分辨率高，灵敏度高，抗干扰能力强，对试样无破坏，实验技术较为简单，试样的制备技术也不复杂，所研究的对象可以是导体、半导体或绝缘体，试样可以是晶体或非晶体态的粉体材料、薄膜或固体的表层，也可以是粉末、超细小颗粒，甚至是冷冻的溶液，范围之广是少见的。主要的不足之处是：只有有限数量的核有穆斯堡尔效应，且许多还必须在低温下或在具有制备源条件的实验室内进行，使它的应用受到较多的限制，事实上，目前只有 ^{57}Fe 和 ^{119}Sn 等少数的穆斯堡尔谱得到了充分的应用。由于铁是自然界中分布广泛的元素，在大多数造岩矿物中，在岩石、土壤、沉积物和泥浆中都含有铁元素。通过分析样品中铁的氧化态、电子组态、配位数，测定矿物中阳离子位置分布及有序-无序程度，测定 Fe^{2+} 和 Fe^{3+} 在各种矿物相中的含量比，以及它们在各种矿物晶体点阵位置上的占有率比，从而可以得出许多对地质学和矿物学十分有用的信息。从 20 世纪 60 年代后期起，穆斯堡尔谱学开始应用于矿物学，至今已得到了许多最重要的矿物类和矿物族的穆斯堡尔谱资料，穆斯堡尔谱学逐渐成为研究矿物学的重要手段，白云母的穆斯堡尔谱见图 4-10。

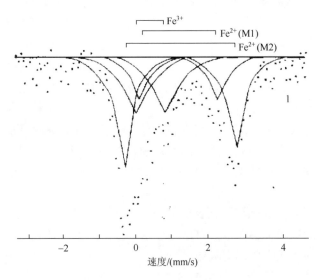

图 4-10　白云母的穆斯堡尔谱

4.7.2　核磁共振

　　让处于外磁场中的自旋核接受一定频率的电磁波辐射，当辐射的能量恰好等于自旋核两种不同取向的能量差时，处于低能态的自旋核吸收电磁辐射能跃迁到高能态。这种现象称为核磁共振。目前研究得最多的是 ^{1}H 的核磁共振和 ^{13}C 的核磁共振。^{1}H 的核磁共振称为质子磁共振（proton magnetic resonance，PMR），也表示为 ^{1}H-NMR。^{13}C 核磁共振（carbon-13 nuclear magnetic resonance，CMR），也表示为 ^{13}C-NMR。^{13}C 核的检出灵敏度仅约为 ^{1}H 核的 1/6000。由于灵敏度小，丰度又低，因此检测 ^{13}C 比检测 ^{1}H 在技术上有更多的困难。在黏土研究中，可

利用固体核磁检测 ^{27}Al、^{11}B、^{29}Si 来判断黏土晶体结构结构或性质，图 4-11 所示为层状硅酸盐 ^{29}Si 的核磁共振谱。

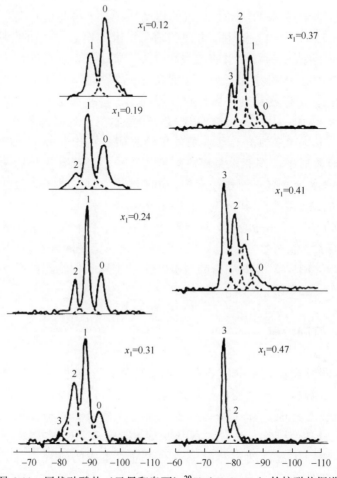

图 4-11　层状硅酸盐（云母和皂石）^{29}Si（79.4MHz）的核磁共振谱

以氢的核磁共振谱提供了三类极其有用的信息：化学位移、偶合常数、积分曲线。应用这些信息，可以推测质子在碳链上的位置。偶合常数是质子自旋裂分时的两个核磁共振能之差，它可以通过共振吸收的位置差别来体现，这在图谱上就是裂分峰之间的距离。核磁共振谱中，共振峰下面的面积与产生峰的质子数成正比，因此峰面积比即为不同类型质子数目的相对比值，若知道整个分子中的质子数，即可从峰面积的比例关系算出各组磁等价质子的具体数目。以电子积分仪来测量峰的面积，在谱图上从低场到高场用连续阶梯积分曲线来表示，则积分曲线的总高度与分子中的总质子数目成正比，各个峰的阶梯曲线高度与该峰面积成正比，即与产生该吸收峰的质子数成正比。

核磁共振用于研究长石、黏土、硼酸盐等矿物始于 1955 年，在矿物学领域中广泛的应用大约是在 1970 年以后。利用核磁共振可以查明晶体中"水"的类型，得到晶体中水的活动性、水的运动特征、水与晶格骨架之间结构的特点、分子间和分子内相互作用等方面的信息。因此核磁共振研究对黏土矿物、一般的层状硅酸盐和沸石中水的类型和行为、绿柱石和温石棉结构孔道中的水及蛋白石中间隙水的类型和行为，以及对质子与硬硼钙石铁电性的关系方面都极有意义。在黏土矿物结构中可以存在层间水、羟基和结晶水，这类矿物多数可有两种谱的叠加：①$3^{-4}\sim6^{-4}$T 的宽线；②叠加在这条宽谱上的、与层间水有关的窄的（$0.1^{-4}\sim0.9^{-4}$T）单线。窄的单线表明，在相邻分子间迅速（每秒约 10^6 次）交换着质子；层间水是高度解离的介质，进行着快速的运动。这种谱线的线宽随含水量的减少而稍微变窄，并随结构中顺磁离子含量的增加而大大增加。不同的黏土矿物，其线宽不同，在叶蜡石、滑石、金云母、蛭石和绿泥石中，线宽约 3^{-4}T；在高岭石、埃洛石中达 6^{-4}T。仅发现有窄线的伊利石和蒙脱石，在干燥后，线宽也可达到 3^{-4}T。这种谱线的宽度随含水量的减少而增加。在所观察的矿物中，只有海泡石的线宽才接近于氢氧化物和结晶水合物线宽的特有值（$11^{-4}\sim12^{-4}$T）。

4.7.3 氢、氧同位素

氢、氧同位素测定在研究各种岩石及矿石的形成机理，追溯水和大气的循环变化，了解古气候演变，探讨地球形成及演化过程，乃至陨石的分类和太阳系的演变等方面，都已起到重要的作用。黏土矿物与各类岩石都有密切的关系，碎屑黏土矿物与经化学风化形成的黏土矿物，在氢、氧同位素的组成上是不同的，因此，通过对黏土矿物同位素组成的研究，可以查明它们的成因及形成条件。

由硅酸盐矿物化学风化形成的黏土矿物中氢、氧同位素组成，受下列因素的控制：①黏土矿物形成过程中与它接触的水；②黏土-水体系的氧与氢的同位素分馏系数及其达到平衡的途径；③环境的温度。母岩的同位素组成对化学风化产物组成的影响不大，因此，黏土矿物中氧与氢的同位素组成主要取决于形成这些黏土矿物时水的组成，也取决于温度。土壤中黏土的氧和氢的同位素组成，保存了这些土壤形成时代的气候记录。同时，同位素组成也可用来区分矿床中表生（低温）与深成（高温）的黏土。例如，所有高岭石和埃洛石 δ^{18}O 值与 δD 值数据都落在一条直线上（该线称高岭石线），而地开石的数据点则偏离直线。如高岭石的 δD 和 δ^{18}O 值关系的高岭石线与雨水线（即雨水的 δD 值

和 $\delta^{18}O$ 值之间的关系线）近于平行，则说明高岭石形成时是在很恒定的温度下与雨水同位素平衡的。

4.7.4　电子探针、离子探针和激光显微探针

电子探针 X 射线显微分析自 20 世纪 50 年代初问世后，很快地在地质学领域里得到广泛的应用和发展，如矿物中微小包裹体的鉴定、光片、薄片中细小矿物的鉴定、矿物的微细结构构造，岩石和矿物的全分析及微量元素地球化学等方面的应用，电子探针已成为矿物学、岩石学、地球化学、海洋学、陨石学及月球科学等研究的重要工具。电子探针的基本原理，是利用电子束轰击样品表面，根据激发出的元素特征 X 射线来确定样品的化学组成，它可用于定性分析也可用于定量分析。电子探针用于岩矿分析的优点为：无损检测，试样用量小，在对化学分析较难进行的稀土族元素和铂族元素分析时优势更明显。该技术还可用于对矿物中某些元素价态的测定、矿物的阴极发光特征，细小矿物的形态和晶面测角等。

离子探针是指包括有二次离子溅射及与质谱分析相结合的一类仪器。它是随着近年来对材料三维空间特征研究的需要和对表面分析兴趣的增加而发展起来的。离子探针与电子探针相比具有较高的相对灵敏度，可达 $1ppm \sim 1ppb$（$1ppm=10^{-6}$，$1ppb=10^{-9}$），而且绝对灵敏度可达 $10^{-15} \sim 10^{-19}g$；其深度分辨可达 10Å，比电子探针高三个数量级；可实现全部元素的测定，还可用于同位素测定，应用范围较电子探针更广泛。离子探针在岩石和矿物分析中，不仅具有电子探针的作用，还可补充电子探针的不足。

激光显微探针可以检测电子探针所不能检测的低浓度微量元素；测定矿物中各元素的同位素组成；对样品条件及制样要求无严格要求。激光显微探针为冶金、地质、半导体、生物等样品的微区微量分析提供了另一重要的分析手段。

4.7.5　拉曼光谱

非弹性碰撞所产生的与入射光频率不等的散射称为拉曼散射。拉曼散射光的强度极弱，一般只有入射光强度的十万分之一，该效应的辐射弱于荧光。拉曼光谱和红外光谱一样，都表现为分子的特性振动。在测量矿物的红外吸收光谱时，如果也能做同一矿物的拉曼散射光谱，则两种光谱可以互相补充。因为有些简正振动虽是红外活性的，却并不是拉曼活性，或者是拉曼活性的振动，不一定是红外活性的。这样就更易于确定谱线的归属，提供更多的有关成分和结构的信息。

拉曼光谱实验用品多为溶液，也有固体和气体的样品。CCl_4、$CHCl_3$ 和水常被选作拉曼效应的溶剂，样品用量多于红外吸收光谱。拉曼光谱分析对于红外光

谱难于研究的低频区具有一定意义，可以把振动光谱移动到方便的可见区域来研究；适于水溶液的研究；拉曼光谱常比红外吸收光谱简单而易于标识；$C\!=\!O$、$C\!=\!C$、$C\!-\!C$、$S\!-\!H$ 等官能团在红外区吸收很弱，但拉曼散射则较强。因此，拉曼光谱对于石油化工中的碳氢化合物的分析具有特别的重要性。拉曼光谱对陶瓷中痕量杂质的发现、物质的结晶态、相变等研究，以及对一些硅酸盐矿物包括黏土矿物等结构的研究，均有一定的意义。

第5章　黏土的应用基础研究

5.1　黏土作为胶体的研究与应用

黏土分散体系的流变学性能即黏土的胶凝特性。黏土在钻井液、涂料、陶瓷、化妆品和制药行业中的广泛应用主要是基于其在水中的凝胶特性。

5.1.1　黏土的流变性能

流变性能是衡量黏土性能的一个重要指标。不同成因类型黏土的流变性能差别较大，且流变性能常随黏土颗粒的大小、溶液 pH 和电解质类型等变化而变化。

以膨润土为例说明黏土胶体性能的形成机理（图 5-1）。蒙脱石是膨润土中的主要成分，其晶体结构为片层状，该层状结构表面带负电荷而棱边带正电荷，净负电荷被层间可溶性阳离子中和。当膨润土与水混合时，层间可溶性阳离子逐渐水化，片层间距增大，辅以机械力搅拌，片层逐步剥离，带弱正电的片层端面被吸引到带负电荷的层面，从而迅速形成三维空间胶体结构（"卡片屋"结构）。这种三维网状结构会束缚水分子，使体系的黏度迅速增大；当施加剪切力时，构成网络结构的小片会沿剪切力方向取向排列，三维网状结构被破坏，黏度迅速下降。当剪切力撤销时，这些小片能再次快速形成三维空间胶体结构。因此膨润土的流体特征体现了非牛顿流体的性质，是理想的水性体系触变剂。

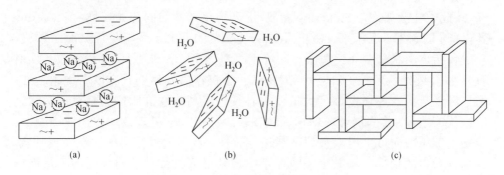

图 5-1　膨润土凝胶体系形成示意图

纤维型黏土（如凹土）在水化分散后形成一种柴垛状杂乱堆积的三维空间网状结构，其棒晶纤维或棒晶束间存在静电力、范德华力、水合力等作用力，导致整个体系流动受阻从而具有一定的流变性能。该悬浮液的流体特征同样体现非牛顿流体的性质，黏度随凹土含量增高而增大；在高剪切力作用下，流动性增加，触变性增强；低剪切力作用下，悬浮液絮凝，产生胶凝。

黏土的胶体性能常用黏度来表示。风化、机械挤压或添加氧化镁或者氢氧化镁等助剂有助于提升黏土的黏度。研究证明：经过挤压的凹土黏度普遍比未经过挤压样的黏度高，这是由于凹凸棒石本身的内部结构是致密而牢固地结合在一起的晶束，这些晶束在悬浮液中不易被分散开。而经过适当的机械挤压作用，可使其紧密结合的纤维束结构松散和撕裂了，其内部显微结构被"膨松化"，并形成显微间隙和裂缝，从而使水分容易进入其中，提升凹土的水化程度，从而提升凹土的胶体性能。黏度随着挤压次数增加表现为先增后减。这是由于继续挤压会导致凹土的棒晶断裂，从而导致凹凸棒石在水中的缠结性能降低，形成的空间结构强度减弱，黏度减小。添加氧化镁或者氢氧化镁对凹土增黏的机理是由于在凹土水悬浮液中，凹凸棒石胶体颗粒带较低的负电荷，$Mg(OH)_2$ 和 MgO 胶体颗粒带较高的正电荷，依靠异种电荷之间的相互吸引作用，$Mg(OH)_2$ 和 MgO 胶体颗粒附着在凹土颗粒上对凹土三维网络结构形成加强作用，使空间网络结构更加发育，体系的黏度增高。但是当 $Mg(OH)_2$ 和 MgO 的添加量达到一定程度时，附着在凹土网架结构上的 $Mg(OH)_2$ 和 MgO 胶体颗粒之间的斥力增大，凹土三维网络破坏，体系的黏度降低。

5.1.2　黏土作为乳化剂

1903 年，Ramsden 在研究蛋白质分散体系时发现胶体颗粒可以作为乳化剂。随后，在 1907 年，Pickering 对这类固体颗粒稳定的乳液进行了系统性研究，故此类乳液被称为 Pickering 乳液，用来稳定乳液的固体颗粒称为 Pickering 乳化剂（图 5-2）。近年来，对 Pickering 乳化剂的研究已逐渐扩展到黏土颗粒，其中包括片层状颗粒（蒙脱土、高岭土、锂皂石、云母等），管状颗粒（埃洛石），以及纤维状颗粒（凹土）等。以黏土颗粒作为乳化剂具有以下优越之处：①来源于自然，环境友好，大量使用时具有较高的性价比；②具有片层状、纤维状等结构，使其能够较球形颗粒在较少的用量下更有效地覆盖液滴表面；③黏土颗粒表面可采用双亲型试剂进行改性，从而通过简易的方法实现油-水界面接触角的调控；④黏土颗粒在水中通常形成三维黏性网络结构，从而增强了所乳化油滴的稳定性。

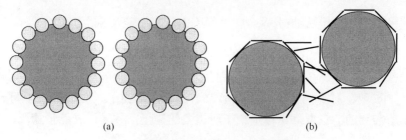

图 5-2　Pickering 乳液稳定机理示意图

（a）机械阻隔机理；（b）三维黏弹粒子网络机理

目前公认的 Pickering 乳液的稳定机理主要为"机械阻隔"机理。界面张力及颗粒由于毛细压力产生的长程吸引力，促使固体颗粒能够稳定吸附在油水界面上，形成单层或多层致密的固体粒子膜，从而阻止了分散液滴之间的聚结，而且固体颗粒之间静电斥力的存在也能有效地阻止液滴之间的碰撞、聚集。但 Lagaly 等在研究膨润土、蒙脱土体系时则进一步发现，黏土颗粒在连续相中会产生一定程度的絮凝，在相互作用力的影响下形成了由粒子构建的三维网络结构，这种结构包围液滴，从而阻止了乳液液滴的碰撞聚结，而且这种三维网络结构的建立，可使连续相黏度增加，降低乳液液滴迁移的速率和程度，因此提高了乳液的稳定性。这一"三维黏弹粒子网络"机理已被很多学者认可。

由于黏土颗粒表面通常带有负电荷，因此具有高度亲水性，常采用阳离子表面活性剂对其进行改性，以降低其 HLB 值，从而提高其界面活性。例如，天然蒙脱土（MMT）经溴化十六烷基三甲胺（CTAB）、聚乙烯基亚胺、乙氧基季胺、十二烷基三甲基溴化铵（DTAB）等进行改性后可用以稳定水包油型（O/W）乳液。有机黏土（例如，MMT 经由与烷基季铵盐进行阳离子交换后）具有大于90°的接触角则可用于稳定油包水型（W/O）乳液。另有研究报道合成锂皂石经过与十八胺、聚醚胺及短链脂肪胺等胺质子化后进行原位阳离子交换，也可用于稳定水包油型（O/W）乳液。除了阳离子改性剂外，非离子表面活性剂如单硬脂酸甘油酯、烷基多葡萄糖苷、司盘 80 等，也已用来改性 MMT 和锂皂石等黏土以稳定水包油型（O/W）乳液。表面活性剂的吸附是通过黏土表面的可交换阳离子及氧或羟基基团的氢键间的离子-偶极相互作用实现的。另有学者报道将带有正电荷的壳聚糖这一生物聚合物与带有负电荷的天然埃洛石纳米管（HNT）的外表面通过静电吸引及氢键作用相结合，随后在惰性气氛下高温裂解，得到的经选择性碳化的埃洛石纳米管（CHNT）能够更有效地附着在油水界面，从而提高了其对油的乳化能力。通过数学分析，这些学者还对比了球形粒子从油-水界面解吸附所需的自由能（ΔG）。

$$\Delta G = \pi r_s^2 \gamma_{ow} (1 \pm \cos\theta)^2 \qquad (5\text{-}1)$$

与同样将圆柱形粒子从油-水界面解吸附所需的自由能（ΔG_w）相比，

$$\Delta G_w = 2rL\gamma_{ow}[\sin\theta - \theta\cos\theta(1 + r/L) + r\cos^2\theta\sin\theta/L] \quad 0° \leqslant \theta \leqslant 90° \quad (5\text{-}2)$$

$$\Delta G_w = 2rL\gamma_{ow}[\sin\theta - (\pi - \theta)\cos\theta(1 + r/L) + r\cos^2\theta\sin\theta/L] \quad 90° \leqslant \theta \leqslant 180° \quad (5\text{-}3)$$

从中发现，对于同样体积的球形粒子与圆柱形粒子，圆柱形粒子附着在油-水界面所需要的能量要高于球形粒子所需要的能量，并且这一能量随圆柱形粒子的长径比的增加而增大。

同时，也由于黏土粒子表面大多带有负电荷，加入电解质将对乳液的稳定性产生影响。电解质的存在，一方面可消除固体颗粒表面的电荷，减小固体颗粒的远程静电排斥力，使得粒子间作用力增强，固体颗粒膜更加稳定；另一方面，电荷的减少及化学作用，会引起连续相中固体颗粒的轻微絮凝，进而提高连续相的黏度。从 Pickering 乳液的形成与稳定机理来说，这两方面的作用都有利于提高乳液的稳定性。

随着无机纳米颗粒稳定的 Pickering 乳液体系研究的日益成熟，研究人员试图用可聚合单体取代不可聚合的油相，进行无机纳米颗粒稳定的聚合反应，如 Pickering 乳液聚合、Pickering 悬浮聚合、Pickering 微乳液聚合等。与传统表面活性剂相比，无机纳米颗粒具有可重复利用、低毒、廉价和降低泡沫问题等优点。Bon 等以锂皂石黏土为乳化剂，通过 Pickering 微乳液聚合成功制备了锂皂石包覆的聚苯乙烯复合微球，其合成过程及复合微球的扫描电镜结果如图 5-3 所示。

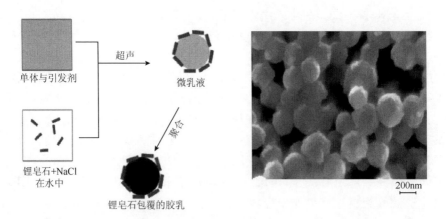

图 5-3　锂皂石包覆的聚苯乙烯复合微球的合成示意图及其扫描电镜图

在上述研究的基础上，人们借助固体颗粒在油水界面上能稳定吸附的优势，常利用 Pickering 乳液模板法来制备各种功能材料，如多孔材料、中空微球、微胶囊、Janus 粒子等。

5.1.3　黏土作为悬浮剂

悬浮剂通常是指具有使固体物分散，并使之悬浮在载液中的物质，现代农药、涂料和液体肥料等常选用悬浮剂以提升应用效益。悬浮剂不仅要具有使固体物悬浮的能力，而且应具有较好的触变性，既容易形成一定的组织结构，也容易为机械力拆散。悬浮剂主要分为有机悬浮剂和无机悬浮剂。常用的有机悬浮剂有聚乙烯醇缩丁醛、羧甲基纤维素钠和海藻酸钠等，无机悬浮剂有膨润土、凹土和累托石等。通过 30% 吡虫啉悬浮剂体系对 5 种矿物质进行筛选试验，结果表明凹土较铝硅酸盐、膨润土和硅藻土在悬浮体系中形成的触变性结构的趋势更强，其中以高黏的凹土效果最好。

以凹土为例分析影响黏土悬浮性能的主要因素。凹凸棒石的纤维状晶体结构使其易于在液相介质中形成空间网格，同时也赋予了其剪切变稀的流变特性。悬浮液的流变性主要受悬浮剂种类影响，还受分散剂添加量、悬浮液的 pH、离子强度和电解质类型等许多因素影响。在凹土悬浮液体系中，加入聚电解质分散剂，可有效地提高悬浮液的分散稳定性，改善其流变性。在一定的添加量范围内，随着分散剂添加量的增加，分散剂对粉体粒子的表面覆盖率增加，粉体粒子吸附层变厚，静电稳定和空间位阻效应增强，粒子间的排斥力增大，吸引力降低。因此，悬浮液黏度降低，流变性提高。pH 对凹凸棒石表面电荷的影响，是悬浮液流变性能变化的主要原因。高东升等发现当 pH 增高到 12 时，由于凹凸棒石表面所带的电荷数增多，胶体颗粒间静电斥力增加，颗粒间相互排斥，在剪切力的作用下凹土颗粒的运动相互独立、相互缠结的网状结构的强度被减弱，悬浮液黏度降低。离子强度对悬浮液的流变性也有着显著的影响，李登好等发现在以 NH_4PAA 为分散剂的悬浮液系统中，当 NaCl 浓度小于 0.5mol/L 时，悬浮液的流变性随着 NaCl 浓度提高而下降。但在 NaCl 浓度为 0.5～1.0mol/L 时，悬浮液的流变性基本不变。凹凸棒石表面大量的—OH 基极性亲水基团使得凹土水悬浮液的悬浮性显著高于乙醇悬浮液的悬浮性。盛晓波等采用 TM-MA 复合改性剂处理凹凸棒石，利用改性剂中的—H 与凹凸棒石表面的—OH 发生接枝聚合反应，生成两亲性酯化物，使原凹凸棒石乙醇悬浮液的悬浮性得到改善，2h 悬浮率从 87% 提高到 99%。

5.1.4　黏土作为增稠剂

增稠剂是现代精细化工产品的主要助剂之一，被应用于涂料、染料、食品等人类生活的各个方面。增稠流变剂大致有三类：天然有机胶、化工合成有机物和无机胶体。目前我国最常用的增稠流变剂以化工合成有机物为主，包括纤维素类、聚丙烯酸类和聚氨酯类。

无机增稠剂具有增稠能力强，触变指数大，抗沉淀、抗流挂性能优越，pH 适应范围广等优点，已获得广泛使用。国外开发的无机增稠剂主要有天然膨润土与凹土，其中膨润土是已形成稳定市场的最主要的无机增稠剂，主要通过对高质量天然膨润土提纯、钠化和有机改性而成，用于溶剂型涂料，但成本较高。另外有研究报道的无机增稠剂有改性累托石、天然海泡石、人工合成锂蒙脱石、二氧化硅胶体等，但都没有形成规模化产品。

凹土作为水性建筑涂料增稠剂可有效调整涂料黏度，并使涂料的其他性能达到国家标准一级品标准。江苏省凹土重点实验室则以丙烯酰胺为单体，采用原位聚合法制备了凹土/聚丙烯酰胺复合增稠剂。该工艺所得凹土基增稠剂在凹土含量为 15%时黏度达 3500mPa·s；凹土为 60%时黏度仍达到 2230mPa·s；该增稠剂还具有良好的耐电解质性能，黏度保留率大于 80%，展现了无机/有机复合增稠剂较佳的协同效应。研究表明，适量填充时凹凸棒石纤维可起到物理交联剂的作用，其表面羟基与聚合物酰胺长链通过氢键可形成交联度适中的三维空间网结构。

此外，樊益棠报道了膨润土对建筑砂浆性能的影响，探讨了膨润土对于砂浆增稠保水作用的机理和触变性能机理。刘晓风等研究了以黏土为增稠剂的高悬浮性碳化硅研磨液的制备工艺。还有报道将膨润土、累托石黏土和凹土代替海藻酸钠作为活性染料印花用增稠剂，性价比高、节能环保。黏土增稠剂还被用作润滑油脂的有效成分及防分层剂的主要成分。

5.1.5 黏土基钻井泥浆

黏土作为钻井泥浆的一个主要应用是控制井下钻探的水的流变性能。近来有学者将氧化铁、Al_2O_3-SiO_2 分别与膨润土进行杂化，制备了氧化铁-膨润土杂化纳米粒子（ICH）与 Al_2O_3-SiO_2-膨润土杂化纳米粒子（ASCH），并分别研究了其对膨润土-水分散液稳态、动态条件下的流变性能的影响。当加入 ICH 颗粒时，带有正电荷的 ICH 颗粒起到交联剂的作用，分散液中的膨润土颗粒形成排列整齐的多孔胶状结构；而 ASCH 颗粒的作用则不同。随着 pH 增大，加入 ASCH 的膨润土分散液的黏度、屈服应力、储能模量及流动应力均随之下降。而在较低的 pH 范围内，ASCH 对黏土分散液的作用则与 ICH 的效果相近。其原因在于带有正电荷的 ICH 杂化粒子与表面带有负电荷的膨润土片层粒子相互吸引，形成三维"卡片屋"胶状结构。而在较高 pH 时，ASCH 杂化粒子带负电，从而与膨润土颗粒相互排斥，阻碍了网状结构的形成，见图 5-4。

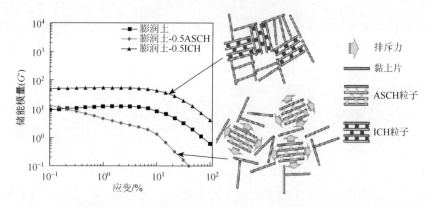

图 5-4　氧化铁-膨润土杂化纳米粒子（ICH）与 Al$_2$O$_3$-SiO$_2$-膨润土杂化纳米粒子（ASCH）对-膨润土分散液的流变性能的影响及其作用机理

与膨润土相比，凹土胶体性能受电解质影响相对较小得多，凹土基钻井泥浆具有分散性好、造浆率高、封闭性好、抗盐碱、耐高温性能稳定等优点，因较高的性价比而被广泛用于地质钻探、地热钻探、石油钻探，特别是在内陆含盐地层钻井、海洋钻井及超深钻探中。

5.2　黏土在吸附分离中的应用

黏土以其高性价比的天然优势在吸附分离领域获得了广泛而深入的应用开发。目前，黏土基气体净化、油品脱色、废水处理、吸水保水、药物及肥料缓释等吸附分离材料的应用开发研究是最重要的研究热点。黏土吸附应用还见于灭菌、除臭、去毒和杀虫等方面。例如，膨润土可吸附肠胃中的毒菌，用于治疗腹泻；凹土可吸附类脂化合物，导致昆虫快速死亡。膨润土和凹土类的干燥剂及油脂脱色剂中已形成有显著市场规模的产业，相关产业发展及应用研究等将在第 7 章中详细介绍。

5.2.1　吸附机理

黏土通常都具有发达的孔隙体系，因此具有较大的比表面积和良好的吸附性。按其引起吸附的机理不同可以分为物理吸附和化学吸附。物理吸附是吸附剂和吸附质之间分子取向力、诱导力和色散力聚集而引起，又称为范德华力吸附。由于这种作用力不强，对分子结构影响较小，物理吸附也可以理解为凝聚现象。由氢键产生的吸附也属于物理吸附。另外，作为天然微纳米材料，黏土具有一定的表面能，从而使得黏土具有明显的物理吸附能力。而化学吸附是指由吸附质和吸附剂之间的化学键作用（静电引力或共价键）。化学键的形成，必须要克服一定的活化能，因此，与物理吸附相反，温度越高，反而越有利于化学吸附。黏土吸附能力的高低一般取决于比表面积和孔径大小等因素，吸附选择性则与黏土表面物化特性密切相关。

5.2.2 气体净化

黏土被广泛用于气体净化处理。例如，在大气污染控制方面，可用于环境的除湿、空气的净化，如用于吸附空气中的有机磷、硫化氢、氧化硫、氧化氮及大气中 ppb 级的气态甲苯和丁醇，用于农牧场、罐头厂、屠宰场、制革厂等场所，能除去空气中的异味。与以活性炭为主要原料的同类产品相比，具有成本低、生产工艺简单等特点。黏土在产业化的气体吸附产品开发方面，更多的是用来作为吸附剂造粒的黏结成型用。

5.2.3 废水处理

黏土酸化改性可以提升其对金属离子的吸附能力，而有机改性则可增强其对非金属离子和有机污染物的吸附分离，以黏土为基础材料开发廉价高效的废水处理剂。

黏土对金属离子的吸附机理主要为：离子交换作用、表面络合作用、黏土诱导金属离子水解沉淀及静电作用等。离子交换吸附是利用黏土层隙间存在的大量可交换阳离子（Ca^{2+}、K^+、Na^+ 和 Mg^{2+} 等）与溶液中金属离子发生离子交换，从而使重金属离子从水溶液中被替换到黏土表面与孔隙结构中。吸附重金属离子的能力受黏土的阳离子交换容量所制约，与重金属离子的浓度和价态有关。表面络合是由于黏土中丰富的 Si—OH 活性基团在水溶液中与金属离子发生络合作用，其络合作用强弱与金属离子的电荷数和水合程度大小有关。黏土诱导金属水解沉淀是因为在凹土表面大量—OH 与溶液中—OH 的共同作用下，金属离子在黏土表面发生水解沉淀，其产生的带正电荷的氢氧化物胶体颗粒与带表面负电荷的黏土颗粒相互作用，促使其黏附于黏土表面。静电作用是黏土表面剩余负电荷的存在，加之黏土较大的比表面积和孔结构，使黏土在与带正电荷的金属离子接触时，通过强烈的静电吸引吸附捕捉金属离子。

黏土用于废水处理有大量文献报道，其中以膨润土研究较为集中突出。向阳等（1995）采用实验室合成的交联蒙脱石作为吸附剂，对水中 6 种低浓度有机优先污染物（苯、甲苯、乙苯、二氯甲苯、氯仿和四氯化碳）进行了静态吸附试验。结果表明，交联蒙脱土对 6 种有机物吸附平衡时间均少于 2h，吸附容量远远大于原蒙脱石，最大可达 4.4mg/g。武占省等（2009）采用微波辅助合成法以十六烷基三甲基溴化铵为改性剂，制备了有机膨润土。研究表明，有机膨润土对苯系物的吸附量大小依次为二甲苯＞甲苯＞苯，有机膨润土碳含量大小与苯系物的吸附能力具有明显的正相关性，而且随着改性剂碳链的增长，其吸附能力显著增加。

与膨润土相比，凹土应用研究较晚。陈天虎等通过实验认为凹土与 Cu^{2+} 之间不仅有阳离子交换的作用，还有表面络合及凹土诱导 Cu^{2+} 水解沉淀。包军杰利用有机阳离子表面活性剂改性凹土去除水中苯酚时发现，水溶液中苯酚的吸附机制主要是分配作用，即水溶液中苯酚被溶解于改性凹土的"有机相"，即被交换到原土上的有机改性剂的有机离子，这种作用与有机物之间的"相似相溶"的原理相类似。

目前，黏土在废水处理中的应用较为常见，而对生活污水及微污染河流中有机物的治理，虽然已有一定的研究成果，但理论研究深度不够，技术不够成熟，尚不能推广应用。

5.2.4　脱色

黏土对某些显色基团具有选择性吸附作用，具有比较理想的脱色效果，高性价比的优势使黏土常被优先选择用于工业脱色。由于黏土本身无毒害，因此不仅是油脂的安全吸附剂，还可用作糖浆、蔗汁、甜菜汁、低浊度天然水、矿泉水及啤酒、麦芽汁、果汁、葡萄酒、果酒等饮料的过滤剂和澄清剂，它既能脱色又能清除其中的微生物和其他杂质。例如，用凹土对液体葡萄糖脱色，将使用粉末活性炭净化的 12 道工序减少到 10 道，工艺周期缩短 50min。

5.2.5　吸水保水

作为一种新型的节水材料，保水剂不但保水、保肥而且改善土壤的水、热、气状况，其中高吸水性树脂具有优越的吸水保水性能，已经在农林园艺和卫生用品等领域得到了广泛应用。近年来为了改善高吸水性树脂的抗盐性和降低生产成本，向聚合物体系中引入无机黏土制备复合吸水树脂成为一种理想的方法。复合保水剂的改善效果比纯有机类保水剂明显，其中膨润土或高岭土比凹土具有更好的改善效果。徐玉文等采用水溶液聚合法制备膨润土/聚丙烯酸-丙烯酰胺复合材料，其吸水倍率达到 872 倍。鲁金芝等采用光引发聚合制备的高岭土/聚丙烯酸-丙烯酰胺复合材料，其吸水倍率达到 1095g/g。中国科学院兰州化学物理研究所王爱勤课题组在该方向做了大量的系统性工作。

5.2.6　药用

膨润土和凹土药用历史久远，已被列入多个国家的药典。以膨润土为例，由于其具有很好的生物亲和性且对消化道内的一些病毒、病菌及毒素具有良好的选择性吸附，可以用于消化道类症治疗。由法国益普生公司研制的思密达（Smecta）是以蒙脱土为主要成分的消化道黏膜保护剂。思密达在临床上用于急慢性腹泻、食管炎、慢性胃炎及放化疗消化道副作用和口腔溃疡的治疗，其作用表现为加强黏膜屏障，抑制病毒和病菌侵蚀，保持肠道微生物生态平衡。此外，膨胀型黏土是优良的药用辅料，其优良的吸水性、悬浮性、黏结性、触变性可用于药物乳化、增稠、助悬、吸附等。近年来，黏土在药物缓释领域应用正受到广泛而深入的关注。

吸附型缓释剂是将原药吸附于无机、有机等吸附性载体中，由于工艺流程简单，易于实现产业化，具有非常大的研究价值。黏土矿物具有优良的性价比优势，经常被用作吸附性载体，制成性能优良的缓释药物。郑俊萍等以膨润土为载体利用插层技术制备了三种氨基药物和一种羧基药物的药物/MMT 缓释体系，结果表明药物/蒙脱土材料有很好的缓释效果及 pH 敏感性。最近，Lin 等以蒙脱土作为载体，制备了有望用于在结肠癌的定位治疗的结肠癌药物 5-氟尿嘧啶/蒙脱土插层材料。Sanchez 等采用阳离子表面活性剂对凹土、膨润土和海泡石进行有机改性并用于农药负载。研究发现，有机黏土对农药吸附能力明显增强，且改性接枝量越大，吸附效果越好。

锂皂石（LAP）可直接用于多种药物或抗菌药物的负载，得到的载药体系具有缓释的效果，延长了药效时间。例如，负载抗肿瘤药物 DOX 所得的 LAP/DOX 具有 pH 响应型的控制释放特性，可以有效地被 KB 细胞吞噬，对裸鼠体内移植瘤产生明显抑制效果；应用于咖啡因、植三醇、伊曲康唑或蛋白质等的负载，均可得到较高的包封率和药物缓释的效果。LAP 与其他有机或无机材料复合可以获得性能更加优越的药物载体材料。

埃洛石纳米管（HNT）除了具有较好的生物相容性和组织无毒性外，其中空结构可用于负载生物酶、除草剂、驱虫剂、食品添加剂、个人护理用品和化妆品等物质，制备出缓释型药用复合材料。HNT 的中空管状结构可以保护活性组分在到达靶向组织之前不被外界环境所破坏，进而实现药物分子的缓慢释放。

相较于单独使用的黏土矿物载药体系，聚合物改性的黏土矿物具有更加优良的载药性能。Yang 等发现凹凸棒石的引入可以改变瓜尔胶-g-聚丙烯酸/海藻酸钠的表面结构，改善复合凝胶小球溶胀性能。Dong 等采用蒙脱土为共乳化剂，延长了抗癌药物紫杉醇在消化道停留的时间，改善了紫杉醇的口服给药效果。近年来，以 MMT 作为药物载体，插层天然活性大分子构筑功能药物缓释材料已成为研究热点。Salahuddin 等先利用甲基丙烯酸甲酯乙烯基氯改性了蒙脱石，其后将其与具有生物活性的 1, 2, 4-三唑衍生物反应，构建了药物缓释体系。Campbell 等利用热熔挤出技术构建了载有扑热息痛的 PEG/MMT 体系，实验发现扑热息痛能够在体系中均匀分散，蒙脱石的引入能够有效减慢扑热息痛的溶解和分散速度，实现 100%的释放。Depan 等利用壳聚糖-g-乳酸聚合物插层蒙脱石，之后将布洛芬纳负载于其上，发现该体系细胞毒性低具有良好的生物相容性，在 pH 为 7.4 的磷酸缓冲体系中能有效减缓药物释放速度，达到药物控制释放目的。

5.2.7　缓释肥

上述缓控释机制还可以用于缓释肥的制备。在肥料颗粒表面涂覆黏土矿物，形成致密的低渗透性包衣来阻碍水分进入肥料内核的速度，进而达到限制养分释放的目的。王兴刚将尿素和磷酸锌铵包埋于凹土中作为肥料内核，制备了一种具有保水功能的包覆型控释肥料。膨润土基氮、磷、钾肥具有较好的缓释性能，这与其独特的层状结构具有密切的关系，其固载机理如图 5-5 所示。由于膨润土层板带有负电荷，化肥中的 NH_4^+、K^+ 由于静电作用而易吸附在膨润土层间，所以氮元素和钾元素被牢固地锁定，不会轻易流失，同时，膨润土因水合膨胀得到较大的层间距给含磷负离子基团提供了一个存储空间，对磷肥具有较好的缓释性。

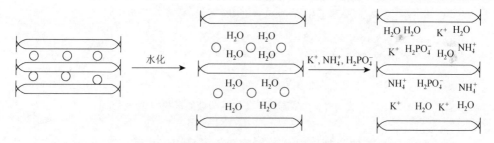

图 5-5　膨润土固定氮、磷、钾元素过程示意

黏土基缓释肥的缓释性能由其化学成分和晶体结构决定。与膨润土相比，高岭土层间距小、阳离子交换容量小且不易膨胀，导致其对氮、磷、钾的固定能力不及膨润土，营养组分易被水淋失，保肥性能相对较差。

5.3　黏土在催化中的应用

天然黏土矿物储量丰富，价格低廉，具有较大的比表面积和孔径，热稳定性好，化学吸附性能强，常被用作催化剂载体，利用黏土矿物的离子交换和吸附性能，将有机物吸附到催化剂表面，增加有机物与催化剂活性组分的接触，从而提高催化效率。

5.3.1 黏土自身的催化性能

由于黏土的结构特点，其表面羟基可形成 Brønsted 酸位点，而暴露的 Al^{3+} 等离子则形成 Lewis 酸位点，因此黏土本身就具有或多或少的酸性位点，可以作为酸催化剂，如催化葡萄糖转化为乳酸、乙酸等产品（图 5-6）。但是，总的来说，天然黏土的酸性较弱，因此常需要通过改性处理以增强其酸性。

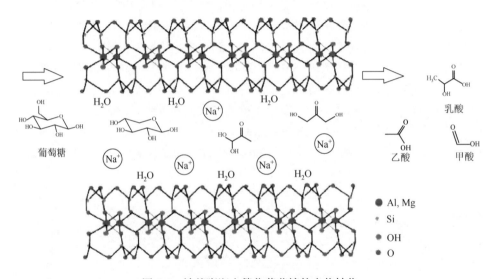

图 5-6　钠基膨润土催化葡萄糖的水热转化

利用黏土制备酸催化剂可以分为三类：一类是用无机酸对黏土进行处理，在去除杂质提高黏土比表面积的同时引入酸中心；或者通过引入金属离子增加黏土酸强度；另一类通过引入杂多酸等酸活性组分制备固体酸催化剂。例如，Saitanya 等利用磷酸甲苯溶液回流活化蒙脱土制备酸活化蒙脱土催化剂，用于催化芳烃的硝化反应（图 5-7），由于磷酸吸附在蒙脱石表面，H^+ 与蒙脱石离子交换，增强了催化剂酸性，仅用 10% 的磷酸负载量即可取得较好的催化效果，避免了硫酸的使用。Zhao 等以硫酸活化蒙脱土催化甘油脱水制备丙烯醛，发现酸化处理对甘油催化脱水起决定作用。Tandiary 等以三甲基氯硅烷对蒙脱石黏土进行改性制备了固体酸催化剂，用于烯丙醇与苄基的叠氮化反应合成三咪唑类衍生物。Song 等则通过离子交换将 Fe^{3+} 引入蒙脱土中，增强蒙脱土的路易斯酸性及片层间酸性，催化芳醛与双甲酮的缩合反应制备氧杂蒽二酮衍生物。Lei 等采用 $SnCl_2$ 处理酸化凹土，使 Sn^{2+} 取代凹土中的 Mg^{2+}、Al^{3+}，得到的 Sn^-凹土催化剂被用于拜尔-维立格反应，催化 H_2O_2 氧化金刚酮等环酮和脂肪酮为相应的内酯和酯，具有较高的活性，选择性高达 90%～99%。

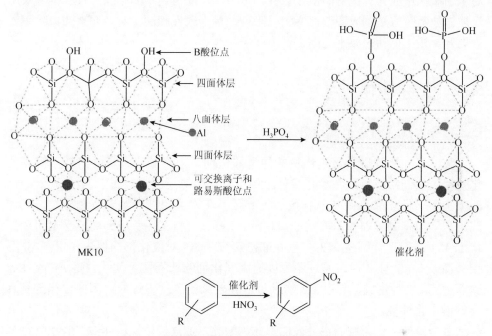

图 5-7　磷酸活化蒙脱石催化剂催化芳烃硝化反应

　　对于具有中空管状结构的埃洛石，在重油催化裂化温度（460℃）下表面羟基被破坏生成 H^+，H^+ 与残余的羟基形成 B 酸位，铝离子从 6 配位转变为 4、5 配位形成 L 酸位，可以提供酸性活性位点，应用在石油裂化、直链脂肪酸与醇的酯化反应等。

　　活性白土是酸化处理后的膨润土，具有丰富的微孔、较大的孔容积和更高的表面酸性。高性价比优势使活性白土常被用来精制重整芳烃油，脱除其中的烯烃杂质，我国大多数芳烃装置使用此工艺。芳烃中的烯烃在白土表面的酸性位点发生聚合及烷基化反应，生成分子量较大的物质。一部分生成物被白土丰富的孔隙结构吸附，还有一部分在后续的分离过程中去除。尽管活性白土脱除烯烃成本较低，但是活性白土易失活，寿命较短且难以再生，存在严重的环境污染问题。

　　由于稀土元素离子易被黏土矿物吸附，因此，利用稀土对黏土进行改性也是提高黏土催化剂性能的有效手段之一。石繁以高岭土为载体引入稀土金属 La 和 Ce 制备了稀土改性高岭土烟气脱硫催化剂，在脱硫温度 500～550℃时，稀土/高岭土脱硫催化剂脱硫率可以达到 95%～100%。李永绣等将稀土元素用离子交换法负载到酸化活化膨润土的片层中，发现稀土与质子酸具有协同作用。Kurian 等利用部分水解法制备 Fe-Al 交联蒙脱土，通过与镧、铈、钍离子交换制备稀土改性 Fe-Al 交联蒙脱土用于苯酚的氧化，铁离子作为柱撑组分，稀土金属含量为 2%，对苯酚氧化反应具有优良的催化活性，可用于苯酚污染物的去除。普红平等采用浸渍微波辐射方法制成镧改性稀土吸附剂，稀土改性膨润土对磷元素的去除率显著提升，相比单独的原土提高了近 100 倍。

5.3.2　催化剂载体

1. 金属/黏土催化剂

金、钯、铑等贵金属是优良的加氢催化剂，为降低贵金属的消耗，提高催化效率，它们常被负载在多孔载体上用于催化加氢反应。金属 Pt 被负载到酸化凹土上用于催化邻氯硝基苯制备邻氯苯胺，获得了超高邻氯苯胺选择性，载体凹土被认为抑制了邻氯苯胺的脱氯现象。Leite 等将 Co 负载到高岭土上用于催化 1,4-丁二醇环合制备 2,3-二氢呋喃，研究了 Au 对催化剂的促进作用，Au 不仅提高了 Co 的分散性，而且还可以提高催化剂的选择性，其原因是 Au 改性导致新的 Co 物种生成，这些 Co 物种可以在较低的温度下还原，因此催化剂具有良好的催化性能。

利用硫酸活化蒙脱石在其表面形成纳米孔，通过浸渍法将 K_2PdCl_4 引入纳米孔中，随后用水合肼还原，金属 Pd 被原位负载到硫酸改性蒙脱石的纳米孔中，生成的 Pd 纳米粒子粒径小于 10nm，可以用来催化 Heck 和 Sonogashira 偶联反应形成新的 C—C 键，在卤代芳烃与烯烃的 Heck 偶联反应中产率和选择性分别为 96% 和 99%，而 Sonogashira 偶联反应转化率为 94%，选择性为 100%。

非晶态合金是一种没有原子三维周期性排列的金属或合金固体，处于长程无序非晶状态，也是许多化学反应的优良催化剂。张荣斌等以还原方法制备非晶态 NiNdB/膨润土和 NiB/膨润土催化剂。随后，石秋杰等以气相脉冲方法把非晶态 RuB/Bn/膨润土合金催化剂用于催化丙酮的常压加氢反应。稀土元素 Nd、Eu、Er 的加入提高了 RuB 合金催化剂的活性，异丙醇的产率也有一定程度的提高。稀土元素的加入改变了催化剂的组成，使钌易于还原，并增加了催化剂的氢吸附量。与 Pd/凹土催化剂相比，被负载到凹土上的 Pd-B 合金在催化邻氯硝基苯制备邻氯苯胺中具有超高的选择性。XPS 光电子能谱分析表明，凹土的酸活性中心吸附 Pd 原子的电子，导致 Pd 原子的电子密度下降。该作用有利于催化剂对硝基的吸附，从而抑制脱氯现象，获得了优良的加氢选择性。

2. 金属氧化物/黏土催化剂

金属氧化物也可负载在黏土载体上制备出多种高活性催化剂。Gao 等以主要成分为伊利石、凹凸棒石的黏土为载体，浸渍法制备了负载 V_2O_5 的催化剂，用于苯与 H_2O_2 的羟基化反应制备苯酚，在 313K 下苯转化率为 14%，苯酚选择性为 94%。催化剂中形成的 V—O—Al 和 V—O—Si 键可能促进了反应的进行，其催化效果均好于黏土上负载 Cu、Cr、Mn 等金属或者将 V_2O_5 负载在其他载体上所得催化剂的效果。

由于黏土对染料和有机污染物具有较强的吸附性能，因此以黏土为载体制备光催化剂的研究较多。邓中华以高岭土/甲醇插层物为前驱体，与十六烷基三甲基氯化铵反应制备了管状高岭土，随后通过溶胶-凝胶法负载 TiO_2，制备了 TiO_2/管状高岭土光催化剂。与纯 TiO_2 相比，复合催化剂对光的利用明显提高，并在可见光区吸附明显，在汞灯照射下甲基橙降解效率比纯 TiO_2 提高 30%。Papoulis 等利用溶胶-凝胶法在埃洛石和凹土上分别负载 TiO_2 制备光催化剂，发现两种催化剂在可见光和紫外光下均体现了良好的脱硝催化性能，紫外光照下的性能与 P25 性能类似。

Fe_2O_3/黏土复合催化剂还可用于可见光芬顿氧化。例如，王继全利用浸渍法将 Fe_2O_3 负载到高岭土制备了异相芬顿催化剂，用于罗丹明 B 和亚甲基蓝的降解，取得了很好的催化降解效果，降解机理分析推测催化剂、H_2O_2 和可见光之间存在协同作用。将 Fe_2O_3 负载到蒙脱土上制备 Fe-蒙脱土 K10（Fe-MK10）催化剂，用于 H_2O_2 芬顿氧化酸性红染料，去除率 99%以上，而 Fe 的浸出低于 5mg/L。

与常用的脱硝催化剂载体 TiO_2 相比，黏土价格低廉、易得且具有较大的比表面积，是脱硝催化剂理想的载体。Chmielarz 将蒙脱土与蛭石或者皂石混合制备多孔黏土异质结，负载 Cu 和 Fe 的氧化物，用于 NO 的脱除，其催化性能取决于合成多孔黏土异质结的黏土类型和负载的过渡金属氧化物。由于蛭石中含有 Fe 和 Ti 天然杂质元素，蛭石基催化剂脱硝活性最高，过渡金属的沉积显著提高催化剂的活性，在 320～350℃时，Fe-蛭石-蒙脱石异质结催化剂脱硝率超过 90%，在水蒸气和 SO_2 存在下，活性基本保持不变或略微下降。李霞章等利用溶胶-凝胶法将 La、Ce、Mn 的混合氧化物负载到凹土表面制备了 $La_{1-x}Ce_xMnO_3$/凹土复合脱硝催化剂（图 5-8），凹土使催化活性纳米粒子高度分散且具有气体吸附性能，该催化剂具有良好的低温脱硝活性，脱硝率可达 98.6%。

磁性氧化物 Fe_3O_4 引入黏土表面和其他氧化物催化组分结合还可以制备具有磁响应性能的催化剂，如将 Fe_3O_4 与 SO_4^{2-}/ZrO_2、SO_4^{2-}/TiO_2 结合负载到黏土表面制备磁性固体酸催化剂，用于乙酸和正丁醇的反应，磁性 Fe_3O_4 纳米粒子存在有利于催化活性组分的分散。

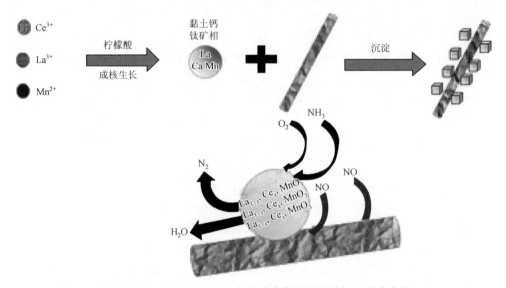

图 5-8　$La_{1-x}Ce_xMnO_3$/凹土复合脱硝催化剂的制备及脱硝过程

3. 金属盐/黏土催化剂

金属盐也是很多反应的催化剂，将金属盐负载到多孔隙黏土表面或者内部，可有效分散金属盐活性组分，取得良好的催化效果。例如，Jiang 等将双水杨醛邻苯二胺合钴（cobalt salophen）固定到蒙脱土上用于催化环己烯环氧化反应，具有较好的活性和选择性，TOF 值为 10.1min^{-1}，可重复使用 5 次。

负载型茂金属催化剂是聚烯烃研究的热点之一，它克服了均相茂金属催化体系产品易黏锅的缺点，但催化活性相对较低。严小伟制备出负载型二氯二茂钛/坡缕石催化剂用于催化乙烯聚合。对载体凹土进行热活化脱除结晶水可增加路易斯酸性，因此提高了负载型凹土茂金属催化剂活性。在相同聚合条件下，直接负载型催化剂活性高于载体化学修饰型催化剂，甚至高于均相 Cp^2TiCl_2 催化剂；得到的聚合产物的分子量和熔点也低于载体化学修饰催化剂。

AgBr 被负载到凹土表面制备可见光催化剂（图 5-9），用于 CO_2 光催化还原和染料罗丹明 B 的脱色。AgBr 或者 AgCl 修饰凹土表面的 TiO_2 可进一步制得复合光催化剂，由于 Ag^0 改善了催化剂表面电子和空穴的分散和电荷的转移，使复合催化剂具有良好的可见光催化活性，对染料具有很好的降解效果，同时还有良好的抗菌性能。

4. 酶/黏土催化剂

酶是纳米级生物催化剂，催化效率高，但使用寿命短且难以循环利用。酶的固定化是解决酶循环利用的重要途径。黏土具有较大的比表面积，生物亲和性好，

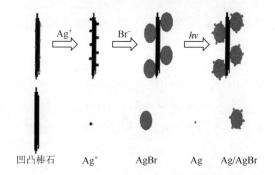

图 5-9　Ag/AgBr 光催化剂在凹土表面的负载示意图

是酶的优良载体。与游离脂肪酶相比，凹土固载脂肪酶的耐热性能和酸碱适应性都有所提高，催化反应条件温和，催化效率高且可重复使用，易于实现连续反应和工业化生产。Xiong 等将过氧物酶的活性中心（氯化血红素）插入蒙脱石中制备了一种新颖的仿生催化剂，用于 2,4,6-三氯酚的降解（图 5-10）。研究表明，氯化血红素的固载量受助溶剂和交换 Cu^{2+} 的影响，氯化血红素-Cu-蒙脱土催化剂的活性和热稳定性比游离氯化血红素均有较大的提升。

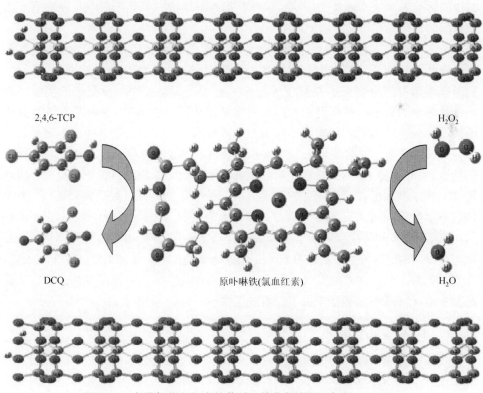

图 5-10　负载氯化血红素的蒙脱石催化剂降解三氯酚（TCP）

相对分子筛和其他天然材料的缺点，中空的埃洛石（HNT）纳米管更加适合大分子酶的吸附。Tierrablanca 等将 HNT 作为血色素的载体，实现了聚苯胺的合成，使大规模环保地合成聚苯胺成为可能性。Zhai 等采用 HNT 为载体，分别对 α-淀粉酶和脲酶进行固定，结果表明加热 60min 后仍保持 80%的活性，15 天后活性仍保持在 90%以上，经过 7 次循环使用仍有 55%的活性。HNT 的内表面在 pH 低于 8.5 时带正电荷，有利于带负电荷的生物活性分子固载。

5. 固体酸/黏土基催化剂

SO_4^{2-}/M_xO_y 是一类固体超强酸，具有酸性强、易回收的优点，是具有良好应用前景的绿色固体酸催化剂。张恒以硫酸活化焙烧的高岭土为载体，制备负载 $SO_4^{2-}/ZrO_2\text{-}TiO_2$ 的固体超强酸催化剂，研究其对环己酮一缩乙二醇缩酮反应的催化性能，结果表明，酸化处理可增加高岭土表面酸量，但酸强度变化不大，负载 $SO_4^{2-}/ZrO_2\text{-}TiO_2$ 煅烧处理后，酸量和酸强度显著提高，缩酮收率可达到 96.8%，可重复使用 5 次。刘泰等利用二次浸渍焙烧法制得 $SO_4^{2-}/$高岭土固体酸催化剂，发现该工艺不但能使固体酸的含硫量和比表面积明显提升，还能提高固体酸酸值，减少固体酸表面烧结现象的发生；催化乳糖水解反应，催化剂可以重复利用，乙酰丙酮的转化效率可达 79.13%。

杂多酸催化剂酸性强且可调，是优良的酸催化剂。但是杂多酸催化剂存在成本高和难循环使用等问题。将杂多酸负载到黏土上可解决杂多酸回收的问题，同时杂多酸高度分散在多孔黏土表面，可有效提高杂多酸与反应物的接触，提高催化效率。Wang 等利用十六烷基三甲基溴化铵（CTAB）对蒙脱石进行修饰改性（图 5-11），然后利用表面活性剂与杂多酸的相互作用将杂多酸引入蒙脱石片层内并高度分散。实验发现，20%杂多酸/蒙脱石催化剂对催化醇合成肟具有优良的活性。Liu 等将 12-磷钨杂多酸负载到膨润土上用于苯酚的羟烷基化反应合成双酚 F，由于杂多酸在膨润土上的高度分散，使催化剂具有良好的催化活性，20% 磷钨杂多酸/膨润土催化剂活性最好，转化率为 93%，选择性为 97%。利用浸渍法将 12-磷钼杂多酸负载到蒙脱土上制备复合催化剂，与含酸中心的酸活化蒙脱土相比，该催化剂既有酸性，又具有氧化还原催化活性，用于催化乙醇转化生成乙烯、乙醚和乙醛，乙烯和乙醚是 Na-蒙脱土酸中心催化生成，而乙醛是由乙醇在氧化还原中心（Mo^{6+} 和蒙脱土中的 Fe^{3+}）脱氢生成。

6. 有机金属复合物/黏土催化剂

金属卟啉类与载体的连接方式有很多种，不同的连接模式产生不同的选择性。Machado 等研究了金属卟啉类/HNT 新型复合催化剂在选择性氧化过程中的催化活性。高压和搅拌回流条件都可以将金属卟啉类固定在 HNT 上，阳离子铁（III）

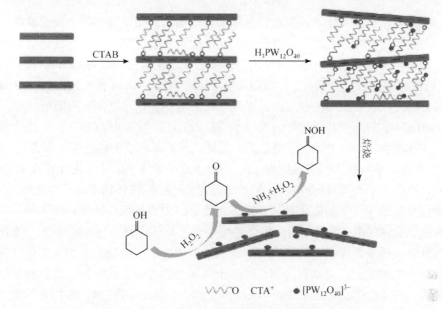

$\mathllap{\text{VVVO}}$　CTA$^+$　● [PW$_{12}$O$_{40}$]$^{3-}$

图 5-11　杂多酸/蒙脱石催化剂的制备及催化性能

卟啉和阴离子铁（Ⅲ）卟啉都可以达到 100%的固定率，但是中性铁（Ⅲ）卟啉几乎不能固定，证明 HNT 的表面电荷与金属卟啉类的极性基团之间的相互作用是发生固定化作用的条件，制得的催化剂用于环辛烯、环己烷、正庚烷的选择氧化。使用亚碘酰苯（PhIO）作为氧供体，随着醇酮比增大，选择性显著增大，同时发现合成高岭石纳米管比天然 HNT 更适合作为金属卟啉类的载体，选择性更好。Barrientos-Ramírez 研究了 HNT 作为复合催化剂 CuBr-N-氨乙基-γ-氨丙基三甲基硅烷（CuBr/AEAPTS）的载体催化甲基丙烯酸甲酯（MMA）聚合反应，研究表明，与 CuBr-AEAPTS 均相催化相比，HNT 负载的复合催化剂能调控 MMA 的聚合反应，数均分子量随着转化率的增加而线性增加，与理论数均分子量线平行，分子量分布指数 PDI 降低，转化率得到了的大幅度提高，分子量分布也得到很好的控制，M_w/M_n=1.3。根据红外光谱分析测试推测 CuBr/AEAPTS 是以物理吸附氢键的方式与 HNT 相结合，再一次印证了表面羟基的存在对催化载体的重要性。

7. 交联改性柱撑层状黏土催化剂

近年来，柱撑交联成为层状黏土改性的较常用方法之一，其原理为具有层状黏土矿在极性较强的分子作用下层与层之间产生分离，用于电荷补偿的层间较小的可交换阳离子与较大体积的阳离子基团（即柱化剂或交联剂）发生交换，黏土层与交联剂形成了稳定结构就是交联层状黏土。

Brindley 等在 1977 年以聚合羟基铝和锆阳离子为交联剂制备金属交联黏土材料，人们开始关注这类材料。李树国等利用离子交换法制备了铝锌复合交联蒙脱土（Al/Zn-Mont），酸化后得到酸化铝锌复合交联蒙脱土（H$^+$-Al/Zn-Mont）催化剂，研究催化缩合反应活性。实验结果表明，H$^+$-Al/Zn-Mont 催化剂比 Al/Zn-Mont 具有更高的比表面积和酸强度，但经酸化后层间距和结晶度都有所降低。

Michalik-Zym 等将 Pd 或 Cr 负载到 Ti、Zr、Ti-Zr 交联柱撑蒙脱土上用于氯代挥发性有机物（二氯甲烷、三氯乙烯）的氧化，具有显著的活性和选择性。Pd 和 Cr 的负载不影响载体的基本结构，Pd 以 PdO$_x$ 纳米粒子形式在载体铺开，而 Cr 主要以单分子 CrO$_x$ 物种分布。Pd 和 Cr 的共沉淀促进了 Pd 纳米粒子的分散。Ti-Zr 交联柱撑蒙脱土负载的催化剂具有最高总酸量，主要是路易斯酸。催化剂的高活性来自于载体的多孔结构、活性组分的高度分散及氧化还原剂与酸-碱功能基团的适当复合。通过逐步浸渍法将 Co 负载到柱撑蒙脱石（PLM）上用于催化费托合成反应，柱撑黏土表面负载的铈活性高于束缚在柱撑黏土内的铈，选择性顺序为 CoRu/Al-PILM＞CoCe/Al-PILM＞Co/Al-PILM＞Co/CeAl-PILM，和相关的黏土孔道大小顺序一致，表明催化剂活性与孔结构有关。

Mao 等将正硅酸四乙酯、介孔模板剂和蒙脱土混合，从蒙脱石制备具有介孔结构的 SiO$_2$ 柱撑蒙脱石，随后将铝接枝进入层间介孔 SiO$_2$ 骨架制备了介孔铝硅酸盐嵌入化合物。铝的引入，增加了介孔 SiO$_2$ 柱撑蒙脱石的酸性，可用于异丙苯的催化裂化。Gao 等将 Ni 引入 Fe-Al 交联柱撑蒙脱土中，由于引入金属氧化物作为层间支撑体，强化了结构性质和催化性能，Ni 增加了过氧化氢氧化降解酸性橙 II 的能力。

8. 高岭土基质 FCC 催化剂

高岭土是催化裂化（FCC）催化剂的重要基质，其含量约为 40%。高岭土型催化剂具有较大的孔体积（0.32mL/g），其孔径分布主要集中在 3.0～10.0nm，重油分子直径一般在 2.5～10.0nm。因此，高岭土型催化剂的这种孔结构正是符合裂解渣油要求的理想孔结构。另外，作为高岭土型催化剂活性组分的分子筛以化学键的方式与载体基质相连，可防止孔道融熔堵塞，结构坍塌，有利于维持催化剂基质的孔结构，延长催化剂的使用寿命。以高岭土原位晶化工艺所制备的高岭土型催化剂孔分布合理、结构稳定、活性很高、水热稳定性较好，并具有优异的抗重金属能力。

5.3.3　合成分子筛

黏土作为天然无机非金属矿物，具有稳定的晶体结构，其主要组分大多含有硅和铝元素，可以用来合成分子筛等多孔材料。由于这些硅、铝元素参与构建矿物晶体结构，直接碱浸将导致上述组分浸出率较低，因此转化率较低且杂质含量大，有时甚至难以合成分子筛。因此需对黏土进行一定的前处理才能充分利用其中的硅铝组分合成分子筛。

1. 黏土的前处理

黏土合成分子筛的前处理又称活化处理，是必不可少的步骤，一般可以分为以下三类。

煅烧：通过高温煅烧，破坏黏土的晶体结构，使其转变为易被碱或酸溶解的无定形结构。例如，高岭土由于对酸或碱稳定，因此可以通过高温煅烧脱除羟基，使其转变为偏高岭土的无定形物质，从而有利于硅或铝组分溶解在碱性溶液或者酸性溶液中，进而形成分子筛。对于凹凸棒石，通过煅烧破坏凹凸棒石的结构，也有利于其进一步合成分子筛。

碱熔：由于高温煅烧破坏黏土晶体结构对黏土组分的活化有限，许多研究人员将黏土与碱性物质如氢氧化钠、碳酸钠预先混合，然后再进行高温煅烧，强化黏土晶体结构的破坏程度，提高黏土的活性。与高温煅烧相比，添加的碱性物质在高温下可以与黏土中的硅和铝组分形成易溶于水的硅铝酸盐；对高温稳定的石英等杂质在碱性物质作用下也会发生反应，生成硅酸钠，因此可以消除高温煅烧不能去除的石英等杂质，提高原料利用率，消除分子筛中的杂质，提高产品的质量，但是该法对设备的要求较高，不易推广。

热酸浸出：利用热酸液对黏土进行浸出处理，也可以破坏黏土的结构，对黏土进行活化。通常将黏土加入酸性溶液（如硫酸、盐酸）中，在一定温度下浸出，黏土矿物的晶体结构在酸浸过程中被破坏，黏土中的铝、铁、镁等金属离子被酸浸出或者与 H^+ 交换而逸出，黏土中的硅组分逐渐转变为无定形硅，该方法由于 Fe^{3+} 等有色离子浸出，可提高产品的白度，保证产品质量，另一方面也能避免这些金属离子对后续分子筛合成的影响。但是黏土中的铝组分被浸出，没有得到有效利用，造成资源浪费；同时废酸液对环境也有一定的污染，需要后续处理。有时为了提高酸浸处理效率，还可以预先对黏土进行碾磨，打断黏土的片层和纤维，提高浸出效率。

2. 合成工艺

一步法：就是原位合成法，即将经活化处理的黏土，添加碱液或模板剂等原料，搅拌混合成分子筛合成液，经水热处理原位合成分子筛。在搅拌混合过程中黏土中的硅、铝组分溶解在碱液中，形成沸石晶核或者分子筛前驱体，随后在水热处理过程中沸石晶核吸收消耗黏土组分生长成为沸石晶粒或者转化为分子筛。

该方法原料利用率高，操作简便，但是由于黏土中杂质较多，导致形成的分子筛也含有一定的杂质，对性能有一定的影响。

二步法：利用两步法可以克服一步法合成的分子筛纯度不高的问题。将活化后的黏土利用热碱液浸出，黏土中的硅组分与碱液形成硅酸钠，溶解在碱液中；如果是碱熔处理的黏土，因在碱熔过程中形成了硅酸钠，可直接用热水浸出。浸出液经过过滤等分离处理手段将其与残渣进行分离，可有效去除不溶于碱液或者水的杂质，浸出液随后添加模板剂或其他组分进行水热合成制备分子筛。这种方法虽然过程较为复杂，但是所得的产品纯度高，与化学品合成的产品性能基本一致。

3. 合成介孔分子筛

介孔分子筛因其规则有序的介孔（孔径为 2～50nm）孔道，孔径分布均一且可调，孔壁的组成及性质也可调控，在吸附、催化、分离及光、电、磁等领域具有潜在的应用价值，受到人们的广泛关注。介孔分子筛的合成方法一般是在介孔模板剂作用下，添加人工合成硅源或者铝源（如正硅酸乙酯、硅酸钠、铝酸钠等），经过水热处理，最后煅烧去除模板合成。为降低生产成本，许多含硅、铝的廉价黏土矿物被用来合成介孔分子筛，取得了一定的进展。

20 世纪 90 年代，Yanagisawa 等首先开发出将聚硅酸盐矿物水硅钠石（$NaHSi_2O_5 \cdot 3H_2O$）合成介孔硅分子筛的技术。水硅钠石 SiO_2 片层经过氯化烷基三甲基铵溶液修饰改性后水热处理转变为三维 SiO_2 网络，该复合物拥有 2～4nm 的孔径及 900m^2/g 的比表面积。随后 Fukushima 和 Inagaki 利用这种方法相继从水硅钠石中制备出有序介孔 MCM-41 分子筛。

高岭土矿物中约含 46.54% 的 SiO_2 和 39.5% 的 Al_2O_3，Al 含量较多，因此，往往需要添加一定量的硅源来合成硅基介孔分子筛。如 Kang 等通过添加水玻璃到煅烧所得偏高岭土的碱性溶液中，调整合成溶液的硅铝比，以 CTAB 为模板剂，水热合成了 Al-MCM-41 介孔分子筛（877m^2/g）。I. Qoniah 等将印尼高岭土与 NaOH 溶液混合后加入硅溶胶调节硅铝比，再加入 Silicalite-1 沸石晶种，搅拌，晶化一定时间，再添加 CTAB 模板剂，室温陈化合成了介孔硅铝分子筛，这种方法避免了高岭土的预处理，但是所得产品比表面积较低（545m^2/g）。青海盐湖低品位钾盐矿中分离得到的天然黏土中含有高岭土，Sun 等将其高温碱熔后原位转化为 Al-MCM-41 介孔分子筛，用于硬脂酸的吸附，取得了较好的效果。Shu 等利用煅烧和碱液水热处理，随后采用热浓盐酸（8mol/L）处理，在无模板情况下从高岭土获得了比表面积为 751m^2/g 的介孔硅（图 5-12），对亚甲基蓝具有良好的吸附性能（756mg/g）。

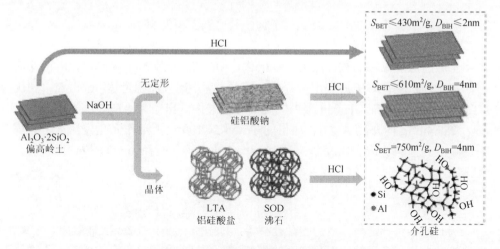

图 5-12　高岭土无模板合成介孔硅

近期，Liu 等利用纳基膨润土及硅胶为硅源和铝源合成了 Al-MCM-41 介孔分子筛。而杨华明等以膨润土为铝源和硅源，将其与 NaOH 混合煅烧活化，原位合成了比表面积为 1018m²/g 的 Al-MCM-41 介孔分子筛。同时他们将纤维状凹土经碾磨破坏结构变为短棒状颗粒，再经酸化处理浸出部分 Al³⁺，在添加模板剂 CTAB 后水热处理获得了比表面积为 1030m²/g 的 Al-MCM-41 介孔分子筛。而 Jiang 等将热酸液处理活化的凹土，负载糠醇后炭化，最后利用碱液刻蚀去除模板获得了非晶态碳纳米管，浸出碱液添加含 P123 模板的盐酸溶液，还合成了 SBA-15 介孔分子筛。

海泡石也是纤维状黏土矿物，其组分与凹土类似，经过 5mol/L 盐酸 80℃酸化处理 4h，添加 CTAB 混合，当采用 NaOH 溶液处理时可获得具有 HMS 结构特征的介孔分子筛，而在含铝的碱性溶液中处理则获得具有 Al-SBA 结构的介孔分子筛。

天然埃洛石经过煅烧处理后，添加碱液水热处理，其浸出液被用作硅源和铝源，添加 CTAB 模板剂后水热处理可制备 Al-MCM-41 介孔分子筛，比表面积为 509.4m²/g。

硅藻土含有高达 94% 的 SiO₂ 组分及三维多孔结构，是合成介孔分子筛理想的原料。硅藻土添加 NaOH 经 600℃煅烧添加 CTAB 形成混合液，再添加 PVP（聚乙烯吡咯烷酮）络合 Pt 溶液（Pt-PVP）后一步合成 Pt/MCM-41 介孔分子筛。Pt 纳米粒子的引入并没有破坏 MCM-41 的结构，相反介孔结构更有利于 Pt 纳米粒子的稳定。该材料对 H₂ 具有良好的吸附能力，有望应用在储氢领域。

铁尾矿由于含有大量的硅和铝，与 NaOH 溶液混合加热抽提其中的硅组分形成硅酸钠溶液，然后将所得硅酸钠溶液加入 CTAB 溶液中，利用 HCl 调节溶液 pH

后水热处理制备了 MCM-41 介孔分子筛，其比表面积为 882m²/g。

由于高岭土含有较多的 Al_2O_3 组分，因此还可以用来合成介孔氧化铝材料。高岭土经过煅烧破坏结构，然后酸浸活化，Al^{3+} 从煅烧高岭土中浸出，所得滤液在添加 P123 和 NaOH 后被用来合成介孔 Al_2O_3，比表面积可达 460m²/g。利用 CTAB 为介孔模板剂，F. Pan 等以煅烧高岭土酸性浸出液为原料，合成了比表面积为 253.4m²/g 的介孔 Al_2O_3。廉价的 Triton X-100 也被用作介孔模板剂，以煤系高岭土为原料合成了比表面积为 193.0～261.0m²/g、孔径为 5.04～6.71nm 的介孔 Al_2O_3。

4. 合成沸石

沸石是具有一定晶体结构的微孔材料，其孔径一般小于 2nm，在吸附、分离、催化等领域具有广泛的应用。沸石的类型较多，目前利用黏土合成的沸石类型一般为常见的沸石如 A、X、Y、P、SOD、ZSM-5 等类型。

4A 沸石具有较强的阳离子交换能力，是洗涤助剂磷酸盐的理想替代品。另外，4A 型沸石通过与 KCl 或者 $CaCl_2$ 等离子交换可以制备 3A 和 5A 沸石，上述沸石也具有良好的吸附性能，可以作为干燥剂，具有广泛的用途，是目前产量最大的沸石分子筛。4A 沸石分子筛的生产目前多采用铝土矿生产，国内有许多厂家利用铝土矿或者铝业副产品铝渣进行生产。高岭土矿物中约含 46.54% 的 SiO_2 和 39.5% 的 Al_2O_3，其硅铝比接近 4A 沸石合成理想硅铝比。另外，高岭土含铁量较少，对产品白度的影响较小，因此，高岭土是 4A 沸石合成的理想原料。以高岭土为原料，经过煅烧、碱熔等处理原位合成洗涤助剂 4A 沸石的研究很多。A. Demortier 等利用红外光谱研究了高岭土合成 4A 沸石过程的中间产物，他们认为合成第一步是偏高岭土在室温下与 NaOH 反应形成无定形固体，这个化合物与 4A 沸石具有相似的组成，可作为 4A 沸石的前驱体。在晶化阶段，偏高岭土首先形成前驱体，偏高岭土完全转化为前驱体后，4A 沸石开始形成。王建等则认为偏高岭土与 NaOH 作用不断溶解形成硅铝凝胶，硅铝凝胶进一步转化为 4A 沸石，偏高岭土溶解生成硅铝凝胶与硅铝凝胶转变为 4A 沸石是同步进行的，偏高岭土的凝胶化速度是整个晶化过程的决定步骤，该晶化过程极易形成聚晶。凹凸棒石黏土经酸化处理后添加适当的铝酸钠调节硅铝比可原位合成 4A 沸石，其煅烧产物碱浸液与铝酸钠溶液混合可合成高结晶度的纯 4A 沸石。其他类型的黏土矿物（如埃洛石）碱熔活化后添加水直接水热合成了 4A 沸石，研究了其对 NH_4^+ 的吸附能力。硅藻土经过煅烧破坏结构形成无定形相，随后添加 HCl 除铁及氢氧化铝为铝源调节硅铝比合成了 4A 沸石。斜发沸石与 NaOH 溶液混合后，通过添加硫酸铝为铝源也可以合成 4A 沸石。

Y 型沸石是 FAU 型沸石，具有较强的酸性，在催化领域具有广泛的应用。自从 1964 年，Taggart 以高岭土为原料合成 Y 型这种八面型沸石以来，这方面的研究一直在不断地进行。高岭土经煅烧活化为偏高岭土，然后加入一定量的硅酸钠与 NaOH，调节混合物中硅铝比接近 Y 型沸石的硅铝比，再加入少量导向剂，水热晶化后可制备 Y 型沸石。刘宏海等将一部分高岭土原料在 940～1000℃ 焙烧得到高温焙烧土，另一部分高岭土在 700～900℃ 焙烧得到偏高岭土，将两种焙烧土按照一定的比例混合后，加入硅酸钠、导向剂、氢氧化钠溶液、水等，水热晶化得到 NaY 含量为 40%～90% 的分子筛产品。Brown 和 Liu 将高岭土喷雾成球，然后煅烧活化，加入 NaOH 和导向剂后水热晶化成 NaY/高岭土微球，用于 FCC 催化裂化反应，取得了良好的效果，该类产品目前已工业化应用，兰州石化催化剂厂可生产多种以高岭土为原料制备的 Y 型/高岭土复合 FCC 催化剂。利用黏土矿物中硅和铝含量的差异，通过复配调整混合矿物中的硅铝比为 Y 型沸石的硅铝比，可以在不添加外来铝源或者硅源情况下低成本合成 Y 型沸石。如将高岭土与高硅黏土矿物硅藻土、海泡石混合制备 Y 型沸石，其中海泡石作为 Y 型沸石的基质，可以提高催化剂比表面积、孔径等性质，有效提高催化剂的抗重金属作用，显示出优良的催化性能。而膨润土经酸化处理后添加碱液和铝酸钠，300℃ 煅烧处理后也可获得 Y 型沸石，见图 5-13。

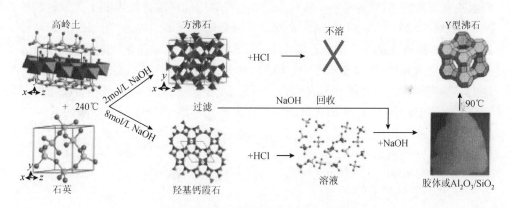

图 5-13　高岭土碱浸活化合成 Y 型沸石

X 型沸石是另外一种类型的 FAU 型沸石，也是一类重要的微孔硅铝沸石，与 Y 型沸石区别在于 SiO_2/Al_2O_3 不同，Y 型的硅含量要高一些。X 型沸石具有良好的吸附性能，作为吸附干燥剂被广泛应用于气体分离与净化，也可作为催化剂用于石油加工业等。随着工业生产需求的扩大，促进了以成本低廉的黏土为原料合成 X 型沸石的研究。1986 年，Butter 等成功地以高岭土为原料用导向剂法合成出了低硅 X 型分子筛。将高岭土在高于 700℃ 条件下焙烧成偏高岭土后加入氢氧化钠和氢氧化钾的混合溶液中，50℃ 搅拌 8h 左右，制得粒径为 1～50μm 的低硅 X

型分子筛。随后 Basaldella 等利用碱熔方法处理高岭土制备较为纯净的 X 型沸石。商云帅等研究了高岭土合成 X 型沸石分子筛的相变规律,将高岭土与 NaOH、H_2O 混合后于 80～120℃水热晶化,分别得到了 NaX、NaP 和 SOD 三类沸石。NaX 沸石最佳晶化温度为 90℃、NaOH 浓度为 3.5mol/L;随着碱浓度提高至 4mol/L,产品中逐渐出现 NaP 型沸石;晶化温度提高,产品中出现 P 型沸石,继续升温出现 SOD 沸石。蒋月秀等以广西宁明膨润土为主要原料,以超声波辅助晶化合成了 X 型沸石。相对于传统水热法,超声波合成法的晶化温度降低,晶化时间缩短,产品粒度显著减小,平均粒径为 400nm,且比表面积增大为 592m^2/g。此外,采用两步法,通过煅烧、碱处理也可从伊利石中制备 X 型沸石。

ZSM-5 沸石是一种具有独特的三维通道结构和可选择酸强度分布的 MFI 型沸石,具有高硅铝比和亲油疏水的特性,同时具有热稳定性高和催化活性高的特点,被广泛应用在石油化工领域。孙书红等以正丁胺为模板剂,在水热条件下,在高岭土微球中合成了晶粒直径为 0.2～1μm 的 ZSM-5 沸石粉体,将其加入基础重油催化剂中进行催化裂化选择性评价。结果表明采用 10%高岭土微球作为助剂,丙烯产率由 2.96%提高到 4.78%,焦炭和干气选择性不变,同时汽油质量明显提高,汽油芳烃减少近 10%。Jiang 等将凹凸棒石黏土酸活化后添加模板剂四丙基溴化铵后水热合成高硅 ZSM-5 沸石,同时,周晓兆等利用同样的方法以凹土为原料制备 Fe/Ti-ZSM-5 沸石,Fe 和 Ti 的存在提升了轻质烯烃产率。Wang 等以膨胀珍珠岩为原料,添加硅酸钠作为补充硅源制备了 ZSM-5 沸石,与常规 ZSM-5 沸石相比,膨胀珍珠岩合成的 ZSM-5 沸石对 FCC 汽油芳构化反应具有更高的活性。随后,他们将膨胀珍珠岩与高岭土混合,添加硅酸钠及少量 ZSM-5 沸石晶种合成 ZSM-5 沸石,在石脑油的 FCC 芳构化反应中也体现出比常规 ZSM-5 沸石更高的活性。

除了上述用途较大的沸石以外,以天然黏土为原料还可以合成 P 型、SOD、N 型等沸石,这里就不一一叙述了。

5. 合成磷铝分子筛

磷铝分子筛是由 AlO_4 四面体与 PO_4 四面体交替组成的、具有微孔结构的分子筛。其骨架呈电中性,不具备离子交换性,表面酸性很弱。将各种金属或者非金属杂原子引入磷铝分子筛骨架中可以调节其酸性、氧化性等性质,可应用到异构化、氧化、羟基化等诸多有机反应中,因此受到人们的广泛关注。

磷铝分子筛通常由铝源、磷源、杂原子材料,在模板剂作用下水热合成。由于大多数黏土矿物不含磷元素,因此利用黏土合成磷铝分子筛时,需要额外添加磷源。韶晖等将凹土用酸液处理除杂后,加入拟薄水铝石、磷酸作为铝源和磷源,添加三乙胺作为模板剂,经老化、水热合成了含金属杂原子的硅磷酸铝分子筛(MeSAPO-5)(图 5-14),将其用于果糖、葡萄糖等糖类脱水形成 5-羟甲基糠醛,当 MeSAPO-5 的 Si/Al 为 0.25 时，170℃反应 2h，可实现 73.9%的 5-羟甲基糠醛产率，当 Si/Al 增加时，酸性显著下降，催化剂性能下降。

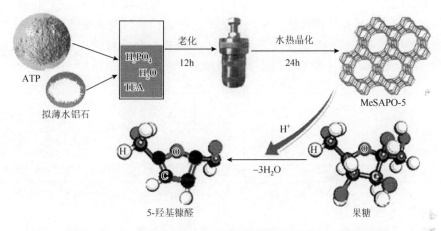

图 5-14　凹土合成 MeSAPO-5 过程及催化糖类脱水反应示意图

尽管以黏土合成分子筛生产成本较低，但是存在黏土提纯不彻底、转化不完全、产品质量较差、种类较少等问题，难以满足工业需要，还有待学者进一步研究予以解决。

5.4　黏土在高分子材料增韧补强中的应用

黏土在高分子材料中的应用有典型的微米填充和纳米增强效应。与常用的氧化硅、炭黑碳酸钙、滑石粉等球形粒子相比，层状结构或纤维状结构的纳米黏土，形状系数较大，能有效增大裂纹增长的路径从而起到很好的阻碍中级裂纹增长的效果。另外，纳米黏土是一种各向异性的片状或纤维状填料，在拉伸的过程中，黏土自身也会进一步取向，能更有效地阻止小裂纹发展。因此，纳米黏土是很好的增强抗撕裂性能的增强剂，在橡胶、塑料、涂料、造纸等方面有着广阔的应用前景。

5.4.1　橡胶

因为无论是天然橡胶还是合成橡胶，力学性能均较差，使用价值较低。但在生胶中加入补强剂就可以明显改善其力学性能，使之成为具有广泛用途的高性能弹性材料。橡胶传统理想的补强材料是炭黑，但因炭黑生产工艺复杂、成本较高，所以寻找新的廉价补强材料已成为一种趋势。

张立群课题组分析了不同的黏土类型及黏土与炭黑（CB）的混配比例对天然橡胶（NR）/黏土纳米复合材料的力学性能的影响，黏土的添加显著改善了橡胶的力学性能。填充2%黏土的复合材料与填充1%炭黑的硬度相当，同时拉伸强度、热稳定性随着黏土/CB的比例的增加而提高。很长一段时间，对于橡胶/黏土纳米复合材料的制备和性能研究主要基于蒙脱土填充橡胶复合材料，这是由于蒙脱土层间作用比较弱，易于被有机试剂和聚合物分子插层（图5-15）。

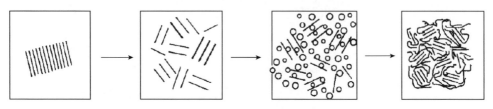

图5-15　乳液插层法中蒙脱土在橡胶中的分散模型

高岭土和蒙脱土在化学组成和结构上具有相似之处，但是高岭土层间距较小，层间的结合比较强，因此高岭土不容易被插层。高岭土表面的羟基活性较低，由其制备的橡胶复合材料在加工过程中对促进剂的吸附较低，因此所得复合材料的加工性能较好，且还可以降低由硅酸盐表面羟基引起的聚合物老化。刘钦甫发明了一种制备纳米级高岭土的方法，并采用有机改性剂对纳米高岭土进行了表面修饰。与白炭黑填充的橡胶材料相比，复合材料的回弹性、拉伸性能较好，而撕裂强度、定伸应力稍差，且材料加工性能也有一定程度的改善。张玉德等将纳米级高岭土和白炭黑复配填充天然橡胶，研究发现高岭土和白炭黑在橡胶材料基体中分散均匀且具有协同增效作用，所得复合材料的拉伸强度明显改善。武卫莉等对高岭土进行处理后，作为增强相填充到了天然橡胶、丁苯橡胶、顺丁橡胶、丁腈橡胶等橡胶材料中。测试表明，高岭土与橡胶的相容性良好，复合材料的综合力学性能比白炭黑填充表现更为优良，仅扯断伸长率稍差。因此高岭土适合用作橡胶材料的补强剂。

凹土经过超细粉碎至纳米级，并经过表面改性处理，有望成为新型功能性补强剂而替代炭黑。沈钟等发现带有反应性基团的阳离子表面改性剂处理凹凸棒石对天然橡胶具有明显的补强效果。钱运华和彭书传等都发现250℃热活化结合1%硅烷偶联剂KH-590改性凹土可部分替代白炭黑填充橡胶，所得复合橡胶的拉伸、定伸和撕裂强度都有不同程度的提高。

5.4.2　塑料

塑料因可加工性好、质轻、比强度大、导热系数小和化学稳定性好等优点而被广泛用于农业、工业、国防及人们的日常生活等各个领域。但是塑料存在易老化、易燃、耐热性差和刚度小等共性缺陷，需对其进行改性处理。在塑料中加入碳酸钙或黏土等非金属矿物是高性价比的产业化可行方法。据统计，塑料中黏土矿物用量以每年 15%的速度递增。

自 1987 年，日本的丰田研究所首次报道了尼龙/蒙脱土纳米杂化材料以来，日本丰田所、美国的康奈尔大学、密歇根大学对尼龙/蒙脱土纳米复合材料的制备方法、影响因素及结构表征进行了广泛深入的研究，并取得了重要的进展。赵竹第等利用氨基酸对蒙脱土进行预处理，然后通过己内酰胺插层在黏土层间聚合，制备得到尼龙 6/蒙脱土纳米复合材料，所得复合材料的力学性能具有一定的提高。黄文龙等以聚醚多元醇对蒙脱土进行插层处理，本体法制备了聚氨酯/蒙脱土复合弹性体材料，研究发现当黏土的添加量为 10%时，复合材料的拉伸强度达到35MPa，比空白样品增大了 3 倍，撕裂强度也有不同程度的增加。

相关研究主要集中在对黏土预处理及复合工艺条件上。密歇根大学的 Kotov教授课题组通过层层自组装的方法制备的透明聚乙烯醇（PVA）/蒙脱石纳米复合薄膜，具有超强的拉伸强度，可达 400MPa，是纯 PVA 膜的 10 多倍（图 5-16）。丁超等以甲基丙烯酸甲酯（MMA）、马来酸酐（MAH）、丙烯酸丁酯（BA）三单体的固相接枝共聚物（TMPP）作为相溶剂，熔融共混法制备了聚丙烯（PP）/蒙脱土纳米复合材料，X 射线衍射和透射电镜分析表明，蒙脱土在 PP 基体中主要以插层形式存在，存在少量的剥离结构。力学测试结果发现，少量蒙脱土（2%～6%）的加入，就使复合材料的力学性能显著的提升，其中拉伸强度提高 10%，弯曲模量提高近 90%，冲击强度提高了 88%。

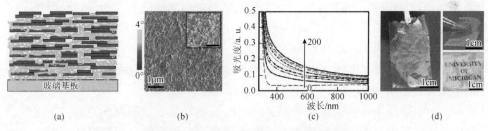

图 5-16　PVA/MTM 纳米复合材料的制备

（a）PVA/MTM 纳米复合材料的内部结构示意图（以 8 层为例）；（b）吸附在硅片表面的单层 PVA/MTM 原子力显微镜照片；（c）不同膜厚的 PVA/MTM 纳米复合材料的 UV-vis 光谱图（25～200 层）；（d）300 层 PVA/MTM 复合膜的照片，显示出良好的柔韧性和透光性

凹凸棒石的链层状结构使它具有一些特殊的性质。钱运华等研究表明，经过偶联剂处理的凹凸棒石可作为硬质 PVC 型材的填料，所得复合塑料的阻燃性随凹凸棒石填充量的增加而提高；当凹凸棒石填充量小于 10 份时，塑料的拉伸强度、冲击强度和耐热性随其填充量的增加而增强。张启卫等用甲基丙烯酰氯丙基硅烷

（MPTMS）和甲基丙烯酸甲酯（MMA）对凹凸棒石进行表面接枝改性并填充硬质PVC。结果表明：改性凹土填充可使 PVC 复合材料的拉伸强度、缺口冲击强度、弯曲强度、弯曲模量和热稳定性等均有一定程度提高（表 5-1）。该材料制成的塑料门窗及型材制品具有优良的阻燃性、耐热性和机械性能，且主要技术指标均达到或超过了国家规定的标准。

表 5-1　改性 AT 填充量与填充 PVC 各项力学性能的关系

性能	AT 填充质量分数/%								
	0	1	2	3	4	10	15	20	30
拉伸强度/MPa	53.0	54.7	55.3	55.8	56.0	56.4	53.4	52.4	51.4
断裂伸长率/%	16.2	18.0	18.5	17.0	16.0	15.0	13.5	10.3	10.0
缺口冲力强度 /(kJ/m^2)	4.30	4.35	4.51	4.68	4.75	4.53	4.40	4.20	3.82
弯曲强度/MPa	98.3	98.9	99.7	100.5	101.9	104.5	102.4	101.0	99.3
弯曲模量/GPa	2.82	2.89	2.93	3.10	3.21	3.38	3.49	3.75	4.17

　　Wang 等以熔融共混法制备聚丙烯/凹凸棒石纳米复合材料。结果表明，凹凸棒石能够均匀分散在聚丙烯中并起到成核剂的作用，所得聚丙烯球晶尺寸较小，其力学性能及储能模量得到了提高。舒安等研究了凹凸棒石作为聚丙烯塑料成核剂的应用情况，结果显示：①凹凸棒石可以作为聚丙烯晶体的成核剂，使用量为1wt%；②凹凸棒石成核剂能提高 PP 的成型加工性能；③凹凸棒石成核剂提高了PP 晶体的抗张强度、抗冲强度、硬度及制品的表面光泽度和透明性。高翔等采用两步法熔融共混工艺，制备了具有核壳特征的凹凸棒石/聚丙烯/聚碳酸酯三元复合材料。研究结果表明，聚碳酸酯连续相中，形成了以凹凸棒石为核，聚丙烯为壳的分散相。这种核-壳结构相包容粒子对聚碳酸酯具有良好的增韧效果，且与聚丙烯/聚碳酸酯二元共混体系相比，强度提高。

　　王一中等采用原位聚合法考察了凹凸棒石在尼龙 6 中的微观结构，发现凹凸棒石以纳米尺度分散，复合物性能有很大提高，但聚合物分子量偏低。由于凹凸棒石表面存在着路易斯酸，直接原位聚合只能得到低聚物。Chen 研究了凹凸棒石/聚丙烯腈纳米复合材料的流变学行为，对纳米复合材料的凹凸棒石含量、流变性能、黏均分子量及分散性等进行了测定，建立了针状黏土/聚合物纳米复合材料的流变模型。Shen 等采用原位聚合法制备了尼龙 6/凹凸棒石纳米复合材料，结果表明采用甲苯二异氰酸酯改性的凹凸棒石和尼龙 6 之间界面相容性良好，对尼龙 6的力学性能和热稳定性显著提高。

　　Lai 等采用压模法制备了聚四氟乙烯/凹凸棒石复合材料，酸处理的凹凸棒石对聚四氟乙烯耐磨性能的提高优于未处理的凹凸棒石；耐磨损性能随着酸处理凹凸棒石添加量的增大而提高；凹凸棒石的引入使复合材料有更高的热吸收容量和更高的耐磨损性能。

5.4.3　涂料

膨润土可以增加涂层的耐水性和防腐性能。孔令坡用带有环氧基的阳离子表面活性剂插层膨润土，然后将制得的有机膨润土分散在环氧树脂防腐涂料中。实验表明，适量添加有机膨润土，漆膜的力学性能和阻隔性能均有所增加，漆膜的耐盐雾天数由原来的 7 天增加到 17 天，耐酸天数由原来的 3 天增加到 7 天，耐碱天数由原来的 3 天增加到 4 天；漆膜的热稳定性由原来的 80℃升高到 150℃。

由于凹凸棒石的纳米棒状晶体能够形成特殊的空间网络结构，用在涂料中可以使涂料的黏度得到有效的调节，而且涂料的其他性能也能够得到有显著的改善。金叶玲等考察凹凸棒石替代立德粉作为聚氨酯涂料填料的可行性（表 5-2）。在获得同等涂料性能条件下，325 目的白云石凹土添加量可达 35%，凹土对立德粉的最大替代量为 50%。

表 5-2　不同填料对涂料性能的影响（100g 为基准）

填料	滑石粉	碳酸钙	高岭土	云母石	硫酸钡	凹土 1#
涂膜外观	光亮丰满轻微橘纹	丰满轻微橘纹	较平整	砂纹	较平整	光亮丰满平整
表干时间/min	36	25	28	34	32	25
实干时间/h	2.4	2.5	2.9	3.0	2.8	2.5
光泽/60°	98.8	92.6	70.9	59.4	57.7	98.0
硬度	2H	2H	H	2H	3H	H
冲击强度/(g/cm)	50 通过正反冲击	50 通过正冲击，未通过反冲击	50 通过正反冲击	50 通过正冲击，未通过反冲击	50 通过正冲击，未通过反冲击	50 通过正反冲击
附着力/级	0	1	1	2	2	0

孙新友等发现凹土可作为水性建筑涂料增稠剂，使涂料的其他性能达到国家标准一级品标准。杨保平等以等物质的量的甲苯二异氰酸酯、丙烯酸-β-羟乙酯加成，再与纳米凹凸棒石表面的羟基官能团反应，生成表面结合有双键的纳米凹凸棒无机/有机活性中间体，以该共聚物为基料，与颜料、填料和助剂复配制备了紫外光固化涂料，该材料具有良好的抗蚀性、耐热性、耐磨性和自洁性。

Peng 等采用原位聚合法制备了有机改性凹凸棒石增强水性聚氨酯涂料,有机改性后的凹凸棒石具有良好的界面作用,并且原材料的热稳定性、耐溶剂性和力学性能显著提高。

5.4.4　造纸

非金属矿物在纸品中的应用主要分为两个方面:①作为填料改善纸品性能和代替纸浆降低成本;②构建微粒助留系统以提升细小纤维和填料的留着率,从而降耗减排提高经济效益。碳酸钙、滑石、高岭土三大矿物材料已成为现代造纸业不可缺少的重要矿物材料。此外,无碳复写纸、复印打印纸、装饰纸等特种纸的增长,促进了沸石、膨润土、二氧化硅、硅灰石、钛白粉等绝对消费量不大的功能性矿物粉体的消费增长。统计表明,世界造纸工业中非金属矿物用量在 2010 年已达 2700 万 t。

全球纸品总产量与纸浆总产量之间差距的逐年加大和比例的不断提高,是填料在纸品中越发重要的地位和作用的直接体现。从黏土应用的经济角度看,黏土为天然微纳米材料,其杂质矿物颗粒也非常细小。经适当处理,黏土各组分在水中均能水化解离成微纳米粒子,且各组分间存在良好的粒度、几何形状和理化性能上的匹配性,非常适合现代抄纸的水相操作系统的多元复合填充要求。黏土具有更好的水化性能,与植物纤维结合力度强;与碳酸钙和硅灰石比,黏土硬度低,对设备的磨损小,更适合当今高速纸机。黏土作为填料,能与植物纤维交织,不但能减小填料对纸张强度的负面影响,还能赋予纸品相应的特性和功能。此外,黏土通常都具有较好的吸附和絮凝能力,可与高分子聚合物协同作用,构建高效微粒助留系统。江苏省凹土资源利用重点实验室系统研究了凹土在造纸填料及助留系统中的应用,并实现了较好的产业化开发,见图 5-17。

纸浆在网部的良好滤水性能是现代造纸技术的焦点。使细小纤维和填料等高效保留在纸品中而不是随白水流失,对白水高度循环利用的现代抄纸系统来说尤为重要。1986 年,Langley 等发现聚丙烯酰胺(CPAM)预絮凝体打散后再加入膨润土重新絮凝,则纸浆的滤水性能大大提高,匀度也得到了改善,标志着微粒助留助滤体系的出现,这就是 hydrocol 微粒助留助滤体系;Andersson 等研究了胶体二氧化硅与阳离子淀粉联合使用的助留体系,也发现滤水性能和纸品匀度得到了大大改善,这是 compozil 微粒助留助滤体系。从 20 世纪 90 年代初开始,hydrocol 微粒助留助滤体系和 compozil 微粒助留助滤体系在造纸领域都得到了很大的发展。

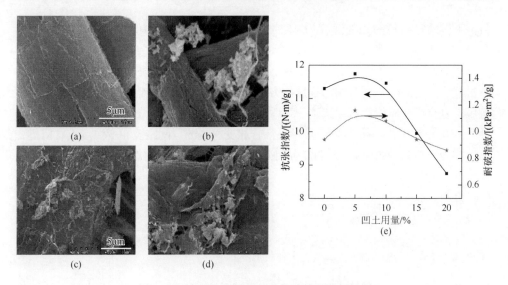

图 5-17 造纸专用凹土基助留助滤剂使用效果

（a）植物纤维；（b）植物纤维-碳酸钙；（c）植物纤维-凹土；（d）植物纤维-凹土-碳酸钙

5.5 黏土在能源中的应用

5.5.1 黏土在相变储热系统中的应用

相变储热技术是利用物质的相变潜热进行能量储存与转化，解决能源供求在时间和空间上的不匹配，提高能源的可再生性和可持续利用。黏土基复合相变储热材料的基体是以蒙脱土、膨润土、凹土、硅藻土、蛭石、珍珠岩等纤维状或片层状多孔隙黏土材料。相较于其他的复合相变储热材料，黏土基复合相变储热材料具有原料易得、生产成本低、热稳定性高和热导率高等优点。

Sadek 等在 250℃下，用钙基蒙脱土吸附水制成相变复合材料。研究发现，产物的结构类似于水合物，当吸附温度为 250℃时，每克蒙脱土可结晶 0.31g 水，最终得到的复合材料储热能力为 487cal/g（1cal=4.818J）。

溶剂溶解浸渍法是将相变基质溶解于良溶剂中，与载体充分混合后蒸发去除溶剂，形成复合相变储热材料。华南理工大学的陈中华教授以十二醇为相变材料，有机蒙脱土为吸附基材，无水乙醇为溶剂，在超声振荡条件下浸渍得复合相变材料。XRD 分析表明十二醇使 MMT 层间距改变了 1.305nm；DSC 测试表明所得材料的相变温度为 26.7℃，相变潜热为 69.3℃；复合材料经过 80 次储放热循环后形态稳定，且没有液体渗漏，其稳定性良好。武汉理工大学的陈美祝等以月桂酸 [$CH_3(CH_2)_{10}COOH$] 和有机蒙脱土为原料，采用热熔真空注入法制备复合相变材料，所得储热材料的相变温度为 41.215℃，相变潜热为 63.102J/g；XRD 表明由于月桂酸的吸附，蒙脱土片层间距由 2.8nm 增加至 4.0nm。

华南理工大学的张正国教授研究小组以十六烷基三甲基溴化铵（CTAB）改性的有机蒙脱土为载体，通过熔融插层的方式将十八烷插入蒙脱土层间，制备了十八烷/蒙脱土复合相变储能材料。该储热材料的相变温度为 27.03℃，相变潜热为 67.22J/g（图 5-18）。500 次加热/冷却循环后，复合相变材料的层间距及相变温度没有明显变化，相变潜热减少约 3%，证明复合相变储热材料具有良好的结构和性能稳定性。

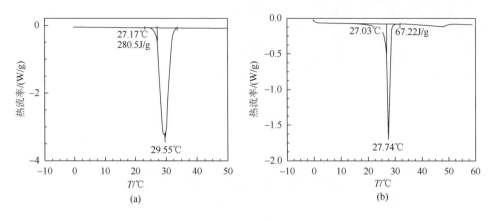

图 5-18　DSC 曲线

（a）十八烷；（b）十八烷/膨润土复合相变储热材料

Zhang 等采用热熔真空注入法制备了癸酸/蒙脱土复合相变材料。采用示差量热扫描（DSC）、压汞孔径测试（MIP）及 X 射线荧光光谱（XRF）等表征分析，研究了复合材料中的相变行为。测试结果表明，因为黏土内部晶体结构表面具有碱性基团，含有—COOH 的癸酸吸附在多孔基材内部后，其相变温度有了明显提高，实验结果符合克拉贝龙方程。

东南大学孙伟教授研究小组以江苏盱眙凹土为载体，石蜡为相变基质，采用熔融法制备了复合相变材料。研究表明，凹土吸附石蜡的最优质量比为 2∶1；DSC 测试表明，该相变材料的相变潜热为 59.3J/g，比纯石蜡降低 69.4%，与原料质量比相近，表明复合相变材料的相变潜热与内部相变材料的含量成正比。Anchena 等采用热熔真空注入法制备了磷酸铝/凹土和氯化钙/凹土相变复合材料，采用 DSC 和 TG 等手段研究了凹土对磷酸铝和氯化钙的吸附行为及吸附后复合材料的储热性能。研究结果表明，所得复合材料相变温度分布在 60℃左右（图 5-19），相变潜热分别为 997J/g 和 871J/g；复合材料的储热性能与吸附分子的质量及其储热的能力有关。

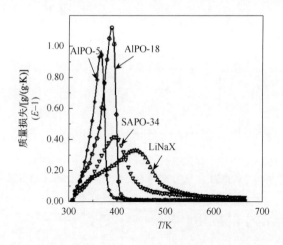

图 5-19　LiNaX、SAPO-34、AlPO-18 和 AlPO-5 的 DTG 曲线

Mei 等采用埃洛石纳米管作为载体，癸酸为相变基质制备了复合相变材料。研究结果表明，癸酸在复合材料中的质量分数达到 60%，表明埃洛石纳米管对相变材料有极高的吸附性；所得的相变材料相变温度为 29.34℃，相变潜热为 75.52J/g；通过在复合材料中添加石墨，使复合材料的热导率提高了 1.7～1.8 倍。由于其相变温度接近室温，所以该材料可用作太阳能储热，并添加于建筑墙板中作为调温材料。

江西理工大学的蒋达华等以硬脂酸为相变材料，有机改性后的海泡石为吸附载体，采用溶解浸渍法制备复合材料。结果表明，相变材料的相变温度为 52.2℃，硬脂酸与改性海泡石结合良好，含量为 35.5%；复合材料的相变温度与硬脂酸相比没有明显变化，且稳定性良好。

Karaipekli 等采用热熔真空注入法将硬脂酸和癸酸的共融体插入蛭石的多孔结构中制备了共熔体/蛭石复合相变材料。首先将蛭石粉碎后过 150μm 的筛，然后以癸酸和硬脂酸制成共融体，在共熔体的熔点及真空条件下，将液相相变材料滴加入蛭石微粉形成稳定的储热材料，同时加入膨胀石墨，以提高基体的传热系数。

河南师范大学的席国喜教授研究小组以热活化手段改性硅藻土作为基材，硬脂酸为相变基质采用溶解浸渍法制备复合相变材料。结果表明，该复合材料的相变温度为 61.6℃，相变潜热为 142.87J/g；硬脂酸在复合材料中的临界含量为 65%，且两者之间为简单嵌合的关系，无化学反应发生，见图 5-20。

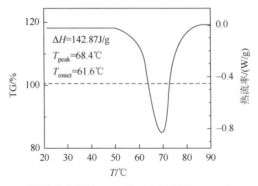

图 5-20　硬脂酸含量为 65%的复合材料的 DSC 和 TG 曲线

5.5.2　黏土在电池中的应用

黏土还可在电池中用于能量的储存，其中膨润土的应用研究相对较多。膨润土部分替代面粉和淀粉制作糊式干电池固化电解质溶液的隔离材料，可为电池制造业节省大量的粮食，降低能耗和制造成本。

膨润土也可用于锂离子电池中。湘潭大学的谢淑红教授研究小组将膨润土作为正极基质材料，利用其对多硫化物的吸附以减少多硫化物的溶解和迁移，从而提高电池的性能（图 5-21）。实验表明，含硫 40%、50%和 60%的膨润土/硫复合材料首次循环放电比容量分别为 972.8mAh/g、1052.9mAh/g 和 764.8mAh/g，80 次循环后的放电比容量分别是首次放电比容量的 47.6%、49.1%和 72.7%，库仑效率均高于 90%。

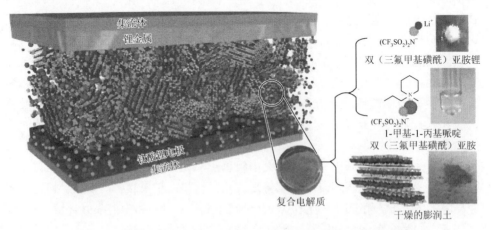

图 5-21　膨润土作为分离剂的锂离子电池的成分组成的结构示意图

2015 年，莱斯大学（Rice University）的一个科学小组将膨润土作为分离剂用于新型锂离子电池。在温度高达 248℉（120℃）的环境下，仍能提供稳定的电能。这种电池在 250℉ 的高温环境中可保持超过 120 个放电周期（图 5-22），且在一定范围内随环境温度升高，其性能有所提升。该发现有望用于改善恶劣环境下可充电锂离子电池的使用问题。

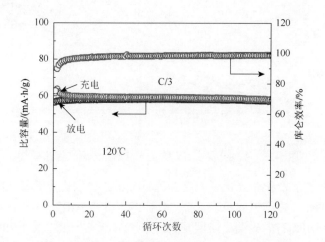

图 5-22　膨润土作为分离剂的锂离子电池在 C/3 倍率下，120℃时的充放电 120 个周期的稳定性曲线图

此外，合肥电池厂的徐光年将安徽嘉山地区的凹凸棒石黏土制作全固态 Zn/MnO$_2$ 扣式电池，并成功地应用于指针式电子手表中。该电池以 50μA/cm^2 的电流放电，其阴极活性物质的利用率可达 42%。

5.5.3　黏土在新能源中的应用

氢能被认为是最有可能取代传统化石能源的新型能源。利用太阳光催化分解水产氢是目前研究产氢的热门方法之一。近来，南京理工大学刘孝恒教授研究小组发现凹凸棒石和蛭石具有光解水产氢的活性。化学分析和理论计算均表明，自然条件下形成的凹凸棒石和蛭石可因为 Fe 离子的掺杂表现出半导体性质。该研究小组研究了未提纯的凹凸棒石、提纯后的凹凸棒石及负载 Ag 的凹凸棒石在有机染料曙红敏化条件下的光解水产氢活性（图 5-23），发现所有含凹凸棒石的样品光催化产氢速率都高于 P25。负载 Ag 的凹凸棒石在曙红敏化下光催化产氢的量子效率可达到 10.8%。

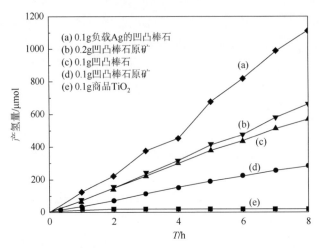

图 5-23　不同样品在 EY 敏化下可见光降解产氢速率图

结合禁带宽度及价带光电子能谱的测试分析，他们提出曙红（EY）敏化下凹凸棒石的可见光催化产氢的机理（图 5-24）。该研究小组还研究了 CdS 量子点敏化的凹凸棒石和蛭石的光催化活性，结果表明 Fe 掺杂的凹凸棒石和蛭石都表现出明显的光解水产氢活性。

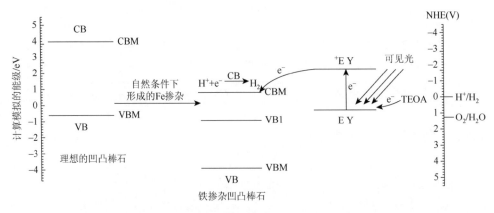

图 5-24　凹凸棒石天然掺铁过程和可见光下 EY/凹凸棒石体系电子传递过程

理想凹凸棒石：$Mg_5Si_8(OH)_2 \cdot 4H_2O$；掺铁凹凸棒石：$Mg_{4.5}Fe_{0.5}Si_8O_{20}(OH)_2 \cdot 4H_2O$

5.6　其　　他

5.6.1　液晶材料

液晶是介于液相和晶相之间的一种相态。这种相态既具有像液体一样的流动性和连续性，又具备像晶体一样的各向异性，在光、电、磁作用下液晶分子取向极易发生变化，这些特性使得液晶材料能够广泛应用在电子、化工、医学和环境保护等领域。目前，液晶材料大部分是有机高分子，也有一部分是有机金属或金属配合物，对于无机液晶材料的研究还处于发展阶段。由于无机液晶材料具有特殊的光、电、磁性及较好的热稳定性，已引起科学工作者的广泛关注。已发现的无机液晶主要是以溶致液晶为主，且仅有十几余种。

Langmuir 在 1938 年发现蒙脱石悬浮体在放置数百小时后分为两相：各向同性相和双折射相。Emerson 在 1956 年通过偏振光观察到蒙脱石体系与烟草斑纹病毒相似的带状结构。1996 年，Gabbrie 等又深入研究了蒙脱土悬浮体液晶相行为，发现随着粒子浓度增加（图 5-25），体系首先发生凝胶相转变，进而出现双折射相。偏光显微镜下观察，分散体系具有丝状织构，这是典型的向列相的特征。但是，由于凝胶结构阻碍相分离的发生，体系并未观察到 I-N（各向同性-各向异性）两相共存。

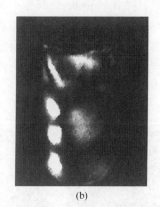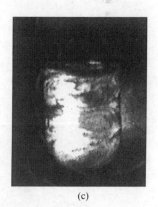

(a) (b) (c)

图 5-25　正交偏光镜下浓度不同的蒙脱石悬浮液

（a）1.9wt%；（b）2.8wt%；（c）4.3wt%

Kawasumi 等将阳离子表面活性剂接枝到蒙脱石表面使蒙脱石具有较好的亲油性，再将一种有机液晶加入改性后的蒙脱石分散体系中，从而制备出具备有机无机液晶材料的特性双频率的复合材料，有望用于高性能的记忆储存。图 5-26 为记忆机制的原理图。当样品施加低频电场时，有机液晶与蒙脱石液晶对齐平行于电场，即使在电场关闭后，粒子依然保持其取向位置。当样品施加高频电场，有机液晶与蒙脱石液晶同时定向转动粒子表现出很强的光散射，当电场关闭后，粒子同样保持其取向位置。

Michot 等将绿脱石分散于水中，发现分散体系的浓度在 0.5wt%时，底部出现非明显的折射，浓度增加到 0.6wt%，体系发生相分离现象。上层为各向同性的液

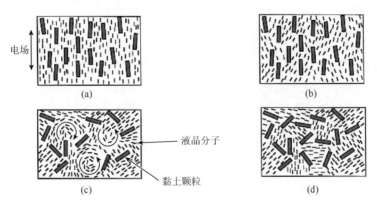

图 5-26　有机液晶-蒙脱石液晶材料记忆机制原理图

（a）60Hz-ON；（b）60Hz-OFF；（c）1.5kHz-ON；（d）1.5kHz-OFF

相，下层为各向异性的向列相。体系随着浓度的增加，相分离现象更明显，当体系浓度增加到 0.83wt%，体系开始出现溶胶-凝胶相；当分散体系浓度为 1wt%时，由于溶胶-凝胶相的作用，体系不再发生 I-N 两相共存现象。由于含有八面体三价铁，因此绿脱石悬浮液对磁场比较敏感，0.7wt%的绿脱石分散体系中的向列相会随着磁场方向发生定向转动，从而这个现象也证明了样品是流体而不是凝胶相所产生的屈服应力所导致的，见图 5-27。

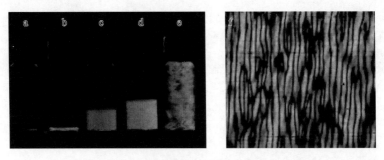

图 5-27　（a～e）0.5wt%～1wt%分散体系宏观裸眼相分离直观观测；（f）在磁场作用下分散体系的粒子发生定向转动

除上述蒙脱石和绿脱石，贝得石、锂皂石和高岭土等片层状黏土同样可以制备成无机液晶材料。此外，伊毛缩石和海泡石等纤维状黏土具有合适的长径比，是一类理想的无机液晶材料。Zhang 等将海泡石以双十八烷基二甲基溴化铵进行有机改性，继续加入 SAP（高分子吸水树脂）稳定剂，分散于甲苯中，得到空间稳定的分散体系。此时粒子间仅存在短程排斥作用，非常接近 Onsager 提出的硬核模型。在偏光显微镜下可以观察到丝状织构。

　　van Duijneveldt 课题组将靛蓝-海泡石杂化颜料分散制备得到有机-无机液晶材料，所得样品在交叉偏振光源下出现了二向色行为，由于靛蓝在凹凸棒石沟槽中的排列有序，整个体系有序度明显提升（图 5-28）。该研究指出有机-黏土杂化材料在液晶显示领域光明的应用前景，并将对以后液晶材料的研发提供新的研发思路。

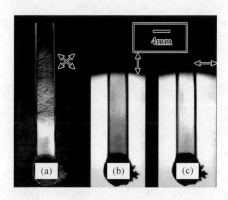

图 5-28　靛蓝-海泡石分散体系在不同方向偏振光源下的二向色行为
（a）交叉光源；（b）平行光源；（c）垂直光源

　　目前，黏土液晶材料研究仍存在很多难题亟待解决，更多新型的黏土液晶材料也有待进一步开发，相信经过科学人员的不断努力，黏土液晶材料将具备更加广阔的应用前景。

5.6.2　功能杂化材料

　　作为新型的功能材料，有机-无机复合材料和杂化材料的研究方兴未艾，在各应用领域已显示出强大的功能优势，在力学材料、涂层材料、催化材料和环保材料等领域展现出广阔的应用前景。复合材料和杂化材料之间没有明显的界限，一般认为复合材料是由两种及以上不同性质的材料，通过物理或化学的方法，在宏观上组成具有新性能的材料。而有机-无机杂化材料是由多种不同种类的有机、无机材料在原子或分子水平上杂化，从而产生具有新型原子、分子集合结构的物质，各种原组成材料在性能上相互取长补短，产生协同效应，综合了有机材料和无机材料的性能优势。黏土是天然的无机纳米材料，具有特殊的孔道结构和尺寸，而且取材广泛、价廉，是制备天然有机-无机杂化材料的理想原料。

　　凹凸棒石是天然一维纤维状纳米黏土，孔道截面大约为 6.4Å×3.7Å，内部填充有沸石水、配位水和结构水。通过适当的酸或热活化，可在保持凹凸棒石孔道结构的条件下，脱除孔道内的杂质及沸石水和部分配位水，增大凹凸棒石的比表面积。凹凸棒石特殊的孔道结构、尺寸和表面极性可允许小尺寸的分子进入其内，从而构成一类特殊的有机-无机杂化材料。玛雅蓝被认为是最早的有机-无机杂化材料，被古玛雅人广泛应用于宗教祭坛中。1931 年，这种颜料在奇琴伊察玛雅城邦遗址上被重新发现，其颜色范围可从明亮的绿松石到黑暗的蓝绿色，并且在酸、碱、有机试剂及生物降解中表现出非常优异的稳定性，长年累月的气温变化和潮湿的空气也无法使它褪色。分析表明，玛雅蓝是由凹凸棒石和野木兰树叶中的靛蓝分子杂化而成。

目前，有关玛雅蓝的文献报道，主要集中于靛蓝与凹凸棒石的杂化机理，旨在揭示玛雅蓝优异稳定性的来源。烘焙得到科学家的一致认同，在烘焙过程中，凹土水分的脱出为靛蓝分子的进入提供了结合位点，是形成稳定玛雅蓝的必要条件。研究表明，靛蓝分子与凹凸棒石的相互作用主要包括：①靛蓝 C=O 和 N—H 基团与凹凸棒石边缘 Si—OH 之间的氢键作用；②靛蓝 C=O 和 N—H 基团与凹凸棒石结构—OH 基团之间的氢键作用；③靛蓝 C=O 和凹凸棒石结构水之间的氢键作用；④靛蓝分子和凹凸棒石八面体中铝阳离子之间的直接键合。目前，尽管大家公认氢键作用是形成玛雅蓝颜料的主要原因，但对于靛蓝分子在凹凸棒石中的位置仍存在争议。

基于玛雅蓝的研究，其他类型染料（如甲基红、茜素、骨螺紫和苏丹红等）与凹凸棒石复合研磨加热处理后同样可得到一系列颜色各异的类玛雅蓝颜料。此外，Cai 等用季膦盐替代有机染料，制备了季膦盐-凹土抗菌杂化材料。他们认为季膦盐仅能存在于凹土的表面，其中疏水性长烷基链尺寸与凹土沟槽相匹配，能够进入沟槽并受到沟槽的保护，而大尺寸的亲水端则裸露在孔道外面。该结论与 XRD 测试结果一致，季膦盐与凹土杂化后，在 $2\theta = 2.88°$ 处出现了一个新的衍射峰。用此方法制备的杂化材料结合了凹土和季膦盐的共同优点，表现出特定靶向性、长效抗菌活性及低细胞毒性，该研究成果为进一步研发凹土载体新型抗菌材料提供了重要研究基础，见图 5-29。

凹凸棒石在有机涂料合成中也有应用。与无机涂料相比，有机颜料虽具有鲜艳的色彩和很强的着色力，但一般耐光、耐热、耐溶剂和耐迁移性能往往不及无机颜料。通过添加纳米级凹凸棒石对有机颜料进行表面改性处理，不但使颜料抗老化性能大幅提高，而且亮度、色调和饱和度等指标也都出现一定程度的提高。最近，中国科学院兰州化学物理研究所的张俊平研究组陆续报道了两种基于凹凸棒石-有机硅烷超疏水性和双憎性杂化涂层。该涂层制备方法简单，成本低廉，并表现出优异的机械性能、化学稳定性和自清洁性能。此外，根据基底材料和溶剂的变化，涂层性能可通过改变凹土和硅烷的比例来随时调节。

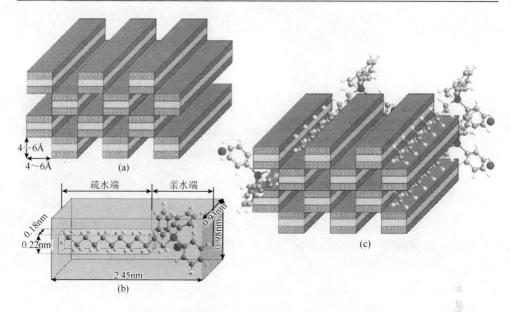

图 5-29　季膦盐与凹凸棒石微观尺度作用原理图

除凹凸棒石外，海泡石、高岭石和方解石等黏土也被用来制备类玛雅蓝杂化材料，但其稳定性能远低于凹凸棒石-靛蓝杂化物。

人工合成的锂皂石在有机-无机杂化材料中的应用受到了广泛关注。西班牙 Duque-Redondo 等用原子模拟方法研究了锂皂石和离子型染料（LDS-722 和派洛宁 Y）杂化物的机械性能。研究表明杂化物机械性能仅与层间凝聚力有关，而凝聚力主要受到库仑力和氢键的影响。其中，库仑力主要和拉伸应变有关，而氢键作用主要影响剪切应变。其中，离子交换能力较强的 LDS-722 和锂皂石杂化物中水分子含量大幅度降低，分子间氢键随之减少，导致杂化物机械性能急剧减弱。他们的研究为有机染料-黏土杂化材料的实际应用提供了重要的力学参数。

Faria 等通过化学键合法将铽邻吡啶甲酸嫁接到高岭石上，制备了高纯度高岭石发光杂化材料（图 5-30）。系统研究乙酰丙酮辅助配体和热化处理对杂化材料发光性能的影响。热重分析表明杂化物中铽邻吡啶甲酸热稳定性能得到很大提升；X 射线衍射证实了有机物插入高岭石层间距中；而红外光谱确定邻吡啶甲酸是与高岭石中的 Al—OH 化学成键。通过光致发光表征，杂化材料在 277nm 处呈现出较宽的激发光谱，同时具有强烈的发射光谱；而乙酰丙酮配体的引入有利于进一步增强杂化物的发光性能，该研究为制备高效、稳定的黏土矿物发光材料提供了重要的研究基础。

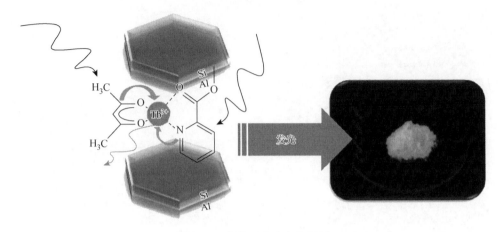

图 5-30　高岭石发光杂化材料

5.7　计算模拟在黏土基础研究中的应用

计算模拟作为探究黏土矿物原子-分子尺度信息的新途径，弥补了现有实验手段难以提供信息的不足。基于量子力学方法的计算模拟，不依赖经验理论和实验数据，提供了从原子-分子水平上的微观机理到宏观过程的解释和预测。其结果能够与实验相互印证并解释实验现象，同时为经典计算模拟设置力场参数提供依据。科研工作者利用分子动力学模拟技术，探究矿物晶体结构，有助于计算模拟中模型的建立和经典分子动力学中力场的修正，为进一步研究奠定基础。更为重要的是，计算模拟能够在一些实验方法难以实现的领域发挥独特的作用，如黏土矿物表界面在原子尺度上的结构信息；黏土与金属离子、气体分子、水、有机质的微观作用机制；发生在黏土矿物表面的化学反应机理等信息。

黏土矿物独特的物理、化学性质与其特有的结构是紧密相连的，对矿物微观结构的探究是黏土矿物应用的基础。通常认为，黏土矿物的表面有基面和边缘面两种，其中基面结构较为规整、性质稳定、研究透彻；相反，边缘面具有不规则性和高度非均质性，利用现有实验技术很难获得相关信息，例如，很难量化研究边缘面的酸度强弱，很难提供黏土矿物酸化学的微观信息，如活性官能团的区分及它们各自的初始酸度系数。

5.7.1　基于第一性原理的计算研究

基于第一性原理的分子动力学方法，张毅刚等研究 $CaAl_2Si_2O_8$、$NaAlSi_3O_8$ 和石英成分的硅酸盐熔体的黏度、熔体结构、扩散系数，探讨体系的尺寸对自扩散系数和黏度结果的影响；杜建国等研究无水和含水镁橄榄石的结构和弹性性质，以及水对波速和镁橄榄石相稳定区域大小的影响，并把类似研究应用到无水和含水的 β 相橄榄石（也称瓦兹利石）和 γ 相橄榄石（也称林伍德石）。基于第一性原理的密度函数理论和平面波的方法，刘曦等计算研究 $MgSiO_3$ 钙钛矿的高温高压物理性质及不同成分的长石在高温高压下的物理性质和可能的相变。为探索具有长石成分的系列物质随温度、压力升高而发生相变的途径提供大量的证据，解释钾、钠长石随地质板块俯冲到上地幔而发生的相变行为和物理性质的改变。基于第一性原理的 Car-Parrinello 分子动力学方法，刘显东等研究含铁的蒙皂石在氧化状态和还原状态下的结构变化情况，发现结构改变很小；但是，不同价态下，层间羟基振动峰位置不同。

黏土晶体结构的边缘面存在许多断键（Al—O、Si—O 和 Mg—O），在自然环境中，它们通常都由化学吸附水所饱和，随着环境 pH 的增加，官能团从 M—OH_2 变到 M—OH 再到 M—O，这导致与 pH 相关的表界面性质发生变化，如重金属离子和有机物络合反应。黏土的化学性质多与其边缘面断键有关。用第一性原理的分子动力学模拟，刘显东等揭示高岭石边缘面上铝离子的配位及水化结构：在（110）边缘面上，六配位稳定存在，五配位结构的稳定性则要视具体的拓扑结构而定。对于（010）断面，Al^{3+} 的稳定配位数可以是 5 和 6，而 Mg^{2+} 只有六配位是稳定的；对于（110）断面，Al^{3+} 的稳定配位数是 6，而 Mg^{2+} 可以是 5 或 6。类质同晶异构的影响同样存在，Al 替代硅氧四面体层的 Si 和 Mg 替代铝氧八面体层的 Al 都显著影响边缘面及水化层结构。Churakov 等研究叶蜡石[$Al_2Si_4O_{10}(OH)_2$]的（110）、（100）和（010）面水化层结构，发现均表现出亲水性，在 pH 接近零电荷点时，四面体上稳定的表面基团是 Si—OH，八面体上为 Al—$OH(OH)_2$。以密度泛函理论计算得出（100）、（110）和（130）面的 Al—O—Si 拥有高质子亲和力，（010）面的 Al—OH 拥有高质子亲和力，而去质子作用最强的是 Al—OH_2。

三水铝矿晶体结构为八面体层沿 c 轴堆叠而成。在（100）边缘面上，铝离子配位数可能为 5 或 6，其中六配位相对稳定。刘显东等计算发现，三水铝矿中作为质子供体的羟基与基面垂直，其 pK_a 值高达 22.0；而作为质子受体的羟基与基面平行，其 pK_a 则仅约 1.3，且通常不会发生水解或水化。黏土酸碱性主要受层间的电荷密度影响。这些原子水平上的矿物-水界面微观结构计算为揭示相关自然过程中界面特性（如酸碱性、离子络合）提供基础。用密度泛函理论计算方法，刘显东课题组对乙酸根官能团在 2∶1 型黏土边缘面上可能的结构进行计算，发现存在广泛的氢键，并对络合物结构有重大影响。

Churakov 和 Dahn 模拟锌离子在蒙脱石边缘面上的吸附，并与 EXAFS 的实验结论相互比照分析，发现锌倾向于吸附于八面体层的反式对称位上。Kremleva 利用密度泛函理论方法计算发现，铀酰倾向于吸附在高岭石铝氧八面体层上并与两个去质子化的羟基氧键合形成的双齿络合；在高岭石的（010）边缘面上最稳定的结构是铀酰与表面同一铝原子的两个羟基键合形成的双齿络合结构，而在叶蜡石（010）面上，则是铀酰与两个分别来自八面体铝原子和四面体硅原子的羟基氧络合结构最稳定。

采用量子分子动力学方法，刘显东等研究亚铁离子在 2∶1 型黏土矿物上的可能吸附机制，指出当边缘基团去质子化后，Fe^{2+} 甚至可以进入八面体空穴位点，与表面原子形成四配位，包括两个桥氧和两个铝上的羟基。在 2∶1 型层状硅酸盐上的类质同晶置换导致表面基团惰性，难以去质子化，所以它们与金属离子络合的可能性很低。这些模型为研究其他重金属离子的络合提供了理论参考。进一步研究表明，四面体层上的 Al(OH) 与八面体上的 $Mg(OH_2)$ 均拥有极高的 pK_a 值，因此，它们很难发生去质子化。在（110）面，两种不同的类质同象替代（八面体上的 Mg/Al，四面体上的 Al/Si）均提高了顶端的氧的 pK_a 值，Mg 替代还提高了相邻硅醇基的 pK_a 值。基于量子分子动力学的垂直能隙计算得出，高岭石（010）面的酸度系数 pK_a 分别为 6.9 和 5.7，与滴定实验所求得的范围相吻合，表明 Si—OH 和 $Al—OH_2OH$ 是酸性主要的位置，也是重金属离子络合最可能发生的位置。

这些矿物表界面上活性位点和酸度的信息为探究界面的吸附/脱附机理提供了原子-分子尺度上的理论基础，为研究有机物或重金属离子的可能吸附位点及相应的吸附形式提供了依据。

5.7.2　经验、半经验计算模拟研究

分子动力学研究甲烷在钠蒙皂石层间的水化作用，发现层间水的数目是形成稳定甲烷水合物的关键，该水合物的形成至少需要 12 个层间水的参加，而且还需要六个黏土矿物层面上的氧原子；层间电荷密度会通过影响水分子的移动性来影响甲烷水合物的形成。

南京大学周会群等研究钾离子阻止钾蒙皂石等黏土矿物吸水膨胀的机理时发现含一层层间水合物的钾蒙皂石能量最低，即最稳定，抑制水分子进入层间能力最强；而含两层水分子的钠蒙皂石的能量最低，层间膨胀的可能性最大。蒙皂石常被用于吸收核废料溶液中的铯，用同样的经典分子动力学方法，计算了铯蒙皂石的一系列性质，包括结构、可膨胀性、层间阳离子的可迁移性等有助于评价铯在蒙皂石中稳定性的系列性质。

5.7.3　凹土的计算模拟研究

目前，凹土相关的计算模拟能够查到的文献主要集中在玛雅蓝类染料-凹土杂化机理相关研究。意大利的 Giustetto 课题组采用基于 CVFF_aug 力场的经典分子

动力学方法，计算模拟研究凹土与靛蓝的作用位点。研究结果表明，凹土中的结构水和靛蓝中的 C=O、N—H 形成强的氢键作用是玛雅蓝稳定的主要原因之一；靛蓝通过范德华力牵引能够进入凹凸棒石 $3.6\text{Å}\times6.4\text{Å}$ 的孔道内。上述结论与光谱研究相一致。但是，Tilocca 等采用密度泛函理论计算后认为，玛雅蓝的稳定性是因为凹土边缘面上的 Al^{3+} 和 Mg^{2+} 与靛蓝中 C=O 和 N—H 形成远强于氢键的 Al—O 和 Al—N 键作用；靛蓝不能进入凹土的内孔道而是吸附在凹土的外表面的凹槽里，这与 1966 年 H. van Olphen 发表在 *Science* 上的研究结果一致。Ockwig 等采用密度泛函理论、从头算分子动力学和经典分子动力学相结合的方法，研究富镁 2∶1 层状硅酸盐凹土和海泡石中水的行为，结果显示，硅酸盐-水界面中的氢键作用与硅酸盐四面体的变形存在相互依赖的关系，小孔的凹土中硅酸盐四面体变形使氢键数目变少，硅酸盐变形使氢键断裂，这种影响在内部比边缘面更强。

5.7.4　展望

基于量子力学方法的计算模拟已被成功应用于黏土矿物学领域，通过这些研究，获得了大量的微观层面上的信息，为实验解释、模型构建和实际应用提供了重要的理论基础。由于计算机运算能力与计算成本的限制，目前计算研究的体系规模和时间尺度仍然很局限。但是，随着计算机硬件的发展和高效算法的开发，计算模拟方法能够用来研究更为复杂的体系，如黏土矿物的成核结晶、矿物-地质流体界面化学、高温高压矿物晶体物理、化学等方面都具有潜在的应用价值，而这些领域恰恰是目前的实验手段难以提供微观、定量化信息的。今后，计算模拟方法将在黏土矿物的研究中获得更为广泛和深入的应用，在黏土矿物的物理、化学过程的探索中起到更为重要的作用。

第6章　黏土的深加工技术

我国膨润土、高岭土和凹土等黏土矿物的储量及应用规模均位居世界前列，其生产和消费水平以较快速度持续发展。社会发展要求黏土深加工也必须以较高的科技含量、较低的环境负荷和更适应社会发展的需要为前提，不断发展超细破碎、精细分级、提纯、改性、改型、复合等深加工技术，以发掘和提升黏土的应用性能。

6.1　破碎及粉碎

黏土是天然微纳米材料的集合体，高效解离的同时保证其结构完整是黏土高值化应用的关键。黏土在超细化后，其比表面积显著增大，光学、电学、磁学、化学活性等都发生显著变化，在使用中可能发挥出纳米尺度效应。因此，作为黏土应用的首要深加工技术基础——粉碎工程围绕"多碎少磨"的应用需求发展非常迅速。工业上的超细粉碎一般指加工 $d_{97} < 10\mu m$ 超细粉体和相应的分级技术，是黏土矿物深加工的一项极为重要的技术。

无论是破碎还是粉磨，设备是关键，高效、节能的新型粉碎设备的研究始终处于十分重要的地位，因此多碎少磨是发展的主流方向，其关键在于破碎。在固体物料中存在着杂乱无章的格里菲斯裂缝，当对物料施加外力时，物料的断裂是朝向裂隙最多且最严重的方向发展，从裂隙到破断龟裂，最后表现为宏观的断裂或破裂。施加的外力可以简单归纳为冲击、磨剥、挤压、劈裂等。冲击主要是指物体被另一物体瞬时撞击，导致物料发生断裂或破裂的过程，其产品特点是颗粒多呈不规则状，棱角明显。磨剥是指在一定的外力作用下物料与磨料、物料与物料之间因相互摩擦而发生局部剪切，导致物料表面剥离。挤压是应力不断积累并促使物料颗粒内部缺陷加剧，最终导致物料会因崩裂而细化。劈裂主要是在颗粒支点间施加外力，此时物料的某一端面上局部强度极限小于剪切应力，导致物料破碎。

6.1.1　机械法粉碎

黏土破碎大致可分为机械法、高速流能法和高压膨胀法等。机械法制备微纳米粉体技术按粉碎方式可分为干式粉碎和湿式粉碎两大类。按粉碎设备类型可分为高速旋转式粉碎法、球磨式粉碎法、振动式粉碎法、搅拌研磨粉碎法等，详见表 6-1。

表 6-1　机械法制备微纳米粉体技术分类

分类	粉碎方式
高速旋转式粉碎	锤头撞击式，销棒撞击式（干、湿两用），喷射式，涡轮式，离心式，轴流式，剪切式，抛射式，辊磨式
球磨式粉碎	旋转筒式球磨（间歇式、连续式），行星式球磨（间歇式、连续式），圆锥式球磨，单筒短筒球磨，旋转搅拌球磨，普通卧式球磨
搅拌研磨粉碎	塔式搅拌研磨（湿式、干式），立式搅拌研磨（湿式、干式），卧式搅拌研磨（湿式、干式），立式螺旋搅拌研磨，双轴立式搅拌研磨
振动式粉碎	单筒振动磨（间歇式），双筒振动磨（连续式），多筒振动磨（连续式），高幅振动磨，高频低幅振动磨，三维振动磨，旋转舱式振动磨

膨润土的超细粉碎通常用雷蒙磨（图 6-1），虽然称为超细粉碎，但其产品粒度大多仅控制在 325 目。凹土粉碎也最常用雷蒙磨，粒度通常为 200～325 目。滑石的超细粉碎大多采用扁平式气流粉碎机，原料多采用锤式破碎机预粉碎加工，干燥后送入扁平式气流粉碎机，磨后产品可达 2～27μm。云母的超细粉碎可采用冲击式高速粉碎机或气流粉碎机，可将云母粉碎至几微米。高岭土在粉碎过程中，高岭土沿结晶断层分开而生成片状粒子，因此高岭土的超细粉碎又称为剥片，可分为干法和湿法两种。干法是以气流磨为主用来处理煅烧高岭土，中国高岭土公司采用气流粉碎机对焙烧高岭土进行超细粉碎，当给料粒度小于 14.8μm 时，产品粒度可小于 2.46μm。工业上应用的湿法剥片有高压均浆器、搅拌磨机等。苏州国家非金属矿深加工工控技术中心蒋军华开发了 XJM 型超细搅拌磨和 BP 型剥片机用于高岭土超细磨碎，取得了成熟经验。英美等国在超细粉碎研究中用液氮对高岭土进行快速冷冻剥片，使高岭土晶间水迅速冻结膨胀，破坏结构达到碎解剥片目的，也有采用添加助磨剥片药剂浸泡高岭土，破坏其晶层间力及晶格表面，使物料更易剥磨，是利用机械力与化学力结合，形成更强的粉碎力提高剥磨效率。石墨的超细粉碎通常采用循环式气流粉碎机、扁平式气流粉碎机和高速冲击式粉碎机。国内外生产对比表明，粉碎鳞片石墨时循环管式比扁平式的粉碎效率高，产品粒度更细。通过机械式高速冲击粉碎机，给料粒度 100 目（0.15mm），石墨产品粒度可达 325 目（45μm）～1250 目（10μm）；循环管式气流粉碎机产品粒度为 1～10μm；而扁平式气流粉碎机也可获得 1～10μm 的产品。

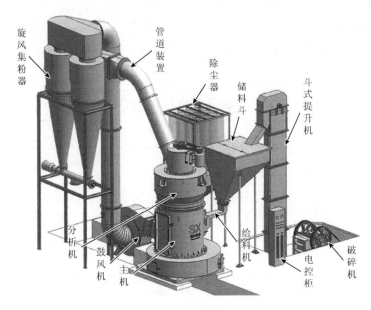

图 6-1　雷蒙磨

超细粉碎的关键在于设备、介质和配套的分级措施，其技术要求主要包括：物料的力度与纯度，产品粒度（规格、颗粒外形、粒度分布），单位能耗，介质相对密度和磨耗，耐磨件使用寿命，维修费用，对产品是否造成污染及超细和分级的功能和效率。国内外对超细粉碎设备研究很重视，各种各样的超细粉碎设备应运而生，如振动磨、胶体磨、搅拌磨、喷射气流粉碎磨和行星磨等，国内先后引进多种先进的超细磨设备，并已有很多种定向设备生产，均达到了相当的水平和规模，广泛应用于化工、涂料、颜料、矿物加工、化妆品、农药和医药等各个行业。但是国内超细粉碎技术还存在一些问题，如设备的结构设计、材质和加工精度等，还缺乏与粉碎设备相配套的高效分级设备。

6.1.2　高速流能法

高速流能法主要利用高速流体（气流或液流）的冲击力、摩擦力与剪切力的组合作用来粉碎物料，达到超细化目的。相对于机械法粉碎，高速流能法赋予颗粒的冲击初速度大、粉碎强度大，且通常附有良好的自行分级性能，因此粉碎细度更高。高速流能法还具有粉碎速度快、粉碎时间短、设备无运动部件、结构简单、维修方便等优点。高速流能法包括高速气流粉碎法（图 6-2）与高速液流粉碎法两种。由于黏土大多具有良好的水化性能，因此高速液流粉碎在黏土的超细化粉碎中具有独特优势。液流粉碎机主要有靶板式和对撞式液流粉碎机。其中靶板式是以高速液流为介质携带物料，与设置的固定靶板相撞，物料颗粒在与靶板的高速撞击中，液流的高速动能最终转变成物料的破碎能，使物料破碎。对撞式液流粉碎机也是以高速液流为介质，它是使两股或多股高速液流携带物料在特定的粉碎腔（室）内发生相互碰撞，在碰撞过程中，高速动能转变成物料颗粒的内能（破碎能），当固体颗粒的内能升高到大于该物质所需的破碎能时，夹杂在高速液流中的物料颗粒破碎成微细颗粒。碰撞过程中动能转变成破碎能越大，固体颗粒的内能升高越多，碰撞时固体颗粒破碎成的新颗粒就越细。

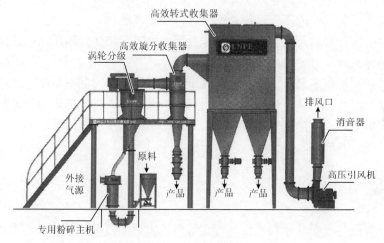

图 6-2　气流粉碎机

高压均质机以高压往复泵为动力传递及物料输送机构，将物料输送至工作阀（一级均质阀及二级乳化阀）部分。要处理物料在通过工作阀的过程中，在高压下产生强烈的剪切、撞击和空穴作用，从而使液态物质或以液体为载体的固体颗粒得到超微细化。工作阀原理示意图见图 6-3。

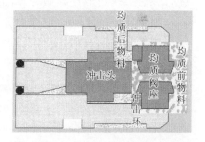

图 6-3　高压均质机工作原理示意图

相对于胶体磨、高剪切混合乳化机等离心式分散乳化设备，高压均质机的细化作用更为强烈。这是因为工作阀的阀体和阀座之间在初始位是紧密贴合的，只是在工作时被料液强制挤出了一条狭缝，且由于均质机的传动机构是容积式往复泵，理论上均质压力可以无限地提高，且压力越高细化效果越好。但是高压均质机的能耗较大，主体配件易损，且不适合于黏度很高的情况，这一点对黏土细化是非常不利的。王爱勤课题组对高压均质分散凹土做了系统的研究工作，取得了较好的实验数据。

水力射流粉碎属于流能法中的液流粉碎法，是利用质点的固有边界扩张而导致应力破碎。即在射流冲击下造成强大的冲击波并作用于物料，冲击波在物料的颗粒内部的晶粒交界处反射，引起张力导致物料粉碎。水射流粉碎的主要特点是：一是多碎少磨，因此能量效率高。二是使物料沿晶层间节理或缺陷处破裂被粉碎，可以保持物料的天然结晶形状。一般来说，水射流粉碎设备结构比较简单，占地面积小、噪声小、处理能量大。20世纪80年代中期，美国密苏里大学罗拉分校进行了水射流粉碎物料的研究，其中最重要的是水射流粉碎煤。他们认为水射流冲击煤粒而产生冲击波，导致了煤粒中微裂隙的形成和发育，高压水渗透进这些裂缝，提高了裂缝中的压力，使裂缝增大，从而在流体动压力的作用下，造成煤粒内缝隙的拉伸增长而使颗粒粉碎。即利用水射流可将传统的压缩破碎原料改变为拉伸破碎原理。

此外，利用溶剂热方法，在高温高压条件下将物料间的有机质、胶结物和无定形杂质等消解掉，从而使矿物粒子团聚体解离，形成松散的矿物纳米粉体。王爱勤课题组利用乙醇溶剂热处理凹土，发现凹土解离度明显提升，独立的分散棒晶数量增加，并成纳米级分散。

6.1.3　高压膨胀法

高压膨胀粉碎是将蛋白质、纤维素等有机大分子或高长径比纤维型矿物等物料在液体或气体介质中先加压至高压，使能量传递于大分子及有机物质的内部，然后突然卸压形成空穴效应和高速冲击，积聚在大分子内部的能量随之再突然释放，使物料突然膨胀，造成大分子链断裂及有机物质碎裂，变成细小碎片。

高压膨胀液流粉碎机的设计首先应设计确保被粉碎物料与液体介质能均匀混合的混合分散系统，以确保将被粉碎物料剪切成所需细度，并均匀进入随后高压膨胀设备。然后设计或选用合适的液体增压部件，使液体的最大压力达到50～250MPa，并可稳定调压。根据设计原理要求，一台完整的高压膨胀液流粉碎机应包括如图6-4所示的几大部件。

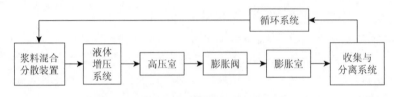

图6-4　高压膨胀液流粉碎机结构设计图

江苏省凹土资源利用重点实验室提出了一种基于蒸气爆破解离的黏土纳米化

技术（图 6-5）。具体做法是将水或异丙醇等分散介质充分浸润的黏土密闭升温升压，促进介质进一步渗进黏土各级孔隙，强化溶剂化作用，随后瞬间爆破气化解离。该发明将溶剂化效应、分散介质相变和瞬间爆破操作巧妙结合，可以实现黏土解离、改性、干燥的一体化。实验结果表明，该作用方式对黏土颗粒的粉碎不是脆性断裂，而是针对粉体内部自然裂隙的一种因势利导的解离作用。但是分散介质的用量在该技术中很关键，如果用量小，分散介质形成的蒸气压即使达到了玻璃管的爆破压力，但因不能充分浸润粉体内部各类孔隙，因此黏土解离不充分；而

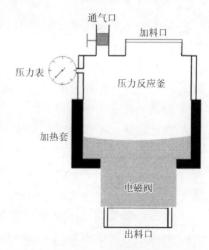

图 6-5　间歇式蒸气爆破解离黏土装置

当用量过高时，则导致充分浸润黏土粉体外的过量介质以液相存在于黏土层上方。在瞬间泄压过程中形成的冲击压力会挤压黏土颗粒形成更为紧致的团聚体。该技术兼具了黏土行业目前通行的湿法和干法解离技术优势，而摒弃了各种方法的重要缺陷，具有较好的产业化优势。

　　超细粉体的获得主要是采用高效分离系统对粉碎后的微纳米粉体高精度分级获得，因此精细分级技术是获得超细、超微粉体的关键，而不完全在于磨碎工艺和机械设备。超细粉体的获得很大程度上取决于能否从磨碎产品中有效分离出合格的超细、超微粉体的分级技术的成熟发展。

6.2　选矿及提纯

　　黏土的应用首先应做到"分层开采、分类使用"，其次才是有效地选矿和提纯工艺。黏土的地质成因及理化性能等差异导致不同黏土间的选矿和提纯技术差异。以下分别介绍膨润土和高岭土的选矿及提纯工艺。

6.2.1　膨胀型黏土的选矿及提纯

　　以膨润土为例，膨胀型黏土的选矿及提纯可分为干法和湿法两种。干法适合原矿品位高，生产能力大的矿山，湿法选矿主要适合低品位原矿的选别和提纯。

　　干法选矿可按用户不同要求，分地段、分层选矿，然后分段堆放，分别加工。其基本工艺流程为：原矿初步干燥→粗碎→干燥→冷却→均化→磨矿分级→除尘→包装。

原矿初步干燥：原矿经堆放、晾晒、均化风干，使含水量由 30%～40%降到 25%以下。

粗碎干燥：将大块矿物破碎到 30～35nm，进入干燥机，将水分由 25%降到 10%左右；粗碎设备硬矿用颚式或反击式破碎机；软矿用剥矿机；干燥设备有回转干燥器、流态干燥器等。

冷却均化：干燥后的矿料送入中间料仓，冷却、均化后再入磨机，可用刮板运输机、斗式提升机。

磨矿分级：经均匀干燥、充分冷却的矿石进入磨机，粉磨后粗粉有风力送入旋风器分级（简单除砂可与磨矿同时进行）；所用设备为雷蒙磨或万能粉碎机、风力分级机。

除尘：磨机的尾风及各种设备的粉尘经负压管道抽至除尘室，过滤后的空气送入大气，尘室中为高纯细粉，可回收包装出厂；所用设备为风机和包装机。

包装：分级后的细粉送入包装机，按用户要求进行包装，称量打包出厂；主要设备有包装机、缝包机。

当膨润土原矿组成复杂，非黏土杂质量较多时，蒙脱石含量在30%～80%时，常用湿法加工。湿法选矿主要工艺过程为：破碎→制浆→低速沉降分离→脱水干燥→包装。

破碎：用颚式破碎机、对辊或万能破碎机将低品位原矿破碎到小于 5mm。

制浆：矿粉与水按 1：3 重量比在螺旋分散器中搅拌成泥浆。

低速沉降分离：将泥浆送入低速沉降分离器（转速 1250r/min），搅拌 2min后，分离出陶瓷级产品，悬浮液进入下一段分离器。

脱水干燥：在高速离心脱水干燥器中，105℃干燥储量，得到 5mm 高纯产品，尾水送出处理。

包装：同干法。

若进行活化处理，则可直接将由高速沉降分离器分离出的浆料泵入搅拌缸加酸活化储量成活性白土。

6.2.2 非膨胀型黏土的选矿及纯化

高岭土是非膨胀型黏土的典型代表。我国的高岭土资源丰富，开创了机制精选、离心和螺旋分级、旋流器组合分选、高梯度磁选、漂白、离心过滤、喷雾干燥、剥皮机与超细粉碎、煅烧、改性等深加工的开发和应用。无论风化变质型高岭土还是煤系硬质高岭土，都必须精选除杂提纯以获得高品级的高岭土，才有可能生产高档化、精细化和专用化的深加工产品。根据原料的差异和应用领域的不同要求，国内外高岭土精选除杂的工艺流程有繁有简，但基本都包括在图 6-6 所示的高岭土深加工技术工艺流程图中。

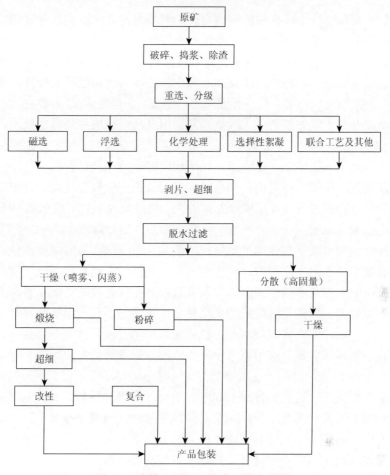

图 6-6　高岭土深加工技术工艺流程图

　　风化型高岭土含有大量粗粒石英等脉石矿物，为使它们充分分离可用捣浆设备或洗矿机进行，这些矿物的相对密度差不大，但颗粒直径却相差很大，常采用分级设备进行分选，所以高岭土分级作用也可以称为重选，采用振动筛、螺旋分级机等可以分选出粗粒矿物（0.1mm）。而为满足微米级高岭土的分级（其直径已小于 10μm），选用离心分级机和长锥小直径旋流器等对细粒矿物的分级，旋流器的材质有耐磨橡胶和聚氨酯，也有采用刚玉制成。对于粗粒的钛铁杂质可以通过强磁选工艺将它们从高岭土中除去。

　　英国 ECC 公司和飞利浦公司曾采用双液浮选除去 2μm 占 90%产品的杂质（电气石等矿物）；日本用阳离子胺类及其盐作捕收剂，水玻璃作抑制剂在 pH=3 左右进行浮选，我国选用 NM-11 浮选剂有效地从高岭土中分出云母，用石油磺酸和胺类药剂浮选长石；用油酸钠浮选赤铁矿等铁矿石，达到高岭土提纯去杂的目的。

化学漂白是高岭土除铁脱色提高白度的有效方法之一，尤其对高岭土晶体表面的污染铁更为有效，国内外应用此法均有许多成熟的经济与实例，根据各种高岭土矿石的特性分别采用还原漂白（对氧化矿）、氧化漂白（对硫铁矿和有机质）、或者氧化还原漂白。影响漂白效果和产品白度的主要因素除矿石特性、含杂质元素的多少及其赋存状态外，还有矿浆浓度、温度、分散性、pH 和漂白时间等都有关。化学除杂的主要方法有：①酸处理，即用盐酸或硫酸进行浸出处理；②氧化法，通氯使 Fe_2O_3 变成 $FeCl_3$ 过滤除去；③用草酸或草酸胺将铁矿石溶解呈络合物滤去；④用连二亚硫酸钠（保险粉）或硫代硫酸钠等盐类化合物进行还原处理；⑤用次氯酸钠、臭氧、过氧化氢和高锰酸钾等试剂先做氧化处理，再用保险粉进行还原漂白；⑥用酒石酸等蒸煮除去晶格铁；⑦用 H_2S、H_2O_2 或 NaS 和有机酸处理；⑧用蔗糖（或糖蜜、水解纤维）在酸性介质下进行除铁。

选择性絮凝可获得和化学处理同样的效果，对于嵌布粒度细微的铁钛等有害杂质能有效地分选出来，国内外早已有应用。我国的有机絮凝剂有不同型号的聚丙烯酰胺、淀粉和羧甲基纤维素等，无机絮凝剂主要是磷酸盐如三聚磷酸钠等。

对于高岭土，煅烧是其提纯的一个重要手段，它不仅可以提高高岭土产品的性能及白度，也能够有效改变高岭土的微观结构与性能，提高使用效果。煅烧可以降低有色杂质的含量，对于煤系硬质高岭土，即使原矿白度很低，经煅烧也能获得白度 90%以上的产品。在煅烧过程中，在 550℃左右有一个明显的吸热谷，脱羟基失去结构水；温度上升到 1000℃，有一个显著放热峰，高岭石从晶变（变为偏高岭石）发展到相变，变成无定形的硅铝氧化物即煅烧高岭土，若煅烧温度继续上升到 1300℃时，高岭石完成了向莫来石结晶及无定形 SiO_2 的转变。煅烧产品的质量与高岭土的矿物学特性、纯度和煅烧温度、煅烧时间、添加剂的选择与使用及操作条件等因素有很大关系。

选矿的方法还有很多，如微生物分选法、高压电磁选法、选择性絮凝浮选法等，在实际应用过程中，选矿除杂提纯往往需要采用几种方法联合流程方能取得很好的效果，才能为进一步深加工提高优质原料。如采用重-磁-化学处理或重-磁-选择性絮凝等流程。

6.3　酸　　化

酸化是膨润土和凹土等黏土常用的深加工技术。黏土酸化的目的在于提高酸化黏土的吸附性能、脱色性能、催化性能，其检验方法多以吸附、脱色为主。经过酸活化处理的膨润土在工业上称活性白土或漂白土。当前活性白土的加工方法有干法和湿法两种。两种工艺流程区别在于混合挤压成条之前，湿法需要加盐酸或硫酸、水及分散剂，并充分搅拌、分散；干法则仅加酸再充分搅拌。在湿法酸化处理过程中产生的硫酸铝易形成十分稳定的悬浮液，使得活性白土难以从母液中分离处理，同时会导致黏土活性降低。生产中通常是加入硫酸钾或氯化钾，使得蒙脱石颗粒周围形成双电层的无机化合物，也使得稳定的悬浮液转化为不溶性的碱性硫酸铝钾，进而易于固化，并对有机物产生良好的吸附性。

　　一定程度的酸处理首先溶解原矿中的杂质，使黏土交织胶结状态得到有效解离，孔隙率增大；其次黏土晶体结构在一定程度上的有效破坏，导致活化后的蒙脱石随着八面体阳离子的带出引起如同固体酸作用一样的裸露表面，它们之间以氢键连接。因此，酸化带来离子渗透作用的增强和晶体结构的展开，比表面积由 $80m^2/g$ 左右增加到 $200m^2/g$ 以上，因此脱色白土相较于膨润土原矿的吸附能力大大增强。此外，活性白土能脱去油脂色素，高分子有机大分子。这种能力主要不是通过离子交换吸附，只靠分散力也相当牢固地被吸附在蒙脱石表面，其吸附量与比表面积有直接关系，主要是物理吸附，因此并不符合阳离子交换定律。

　　低酸度下（10%），蒙脱石片层由于类质同晶置换产生的结构应力最易产生断键。应力越大（即大半径离子类质同晶置换量高），断键越多，则活性位点的越多。由于大量的断键和因离子溶出产生的表面空穴，其表面积增加，c 轴有序度降低，CEC 降低。随着酸度进一步增加，断键不再大量增加，但八面体中的铝、铁和镁不断溶出，CEC 也不断下降，总表面积下降。总之，离子溶出使八面体和四面体间的结合力减弱、蒙脱石结构逐渐崩塌，内外表面积和 CEC 都进一步减小，直至蒙脱石结构完全解体。作为优质脱色吸附用的活性白土，要求其保持在蒙脱石颗粒表面的镁铝铁有足够的溶出量，但又要保持蒙脱石的层状结构。研究表明，当八面体中离子溶出 1/4～1/3 时，便可以达到这种状态。大半径离子 Fe^{3+} 取代量较高的膨润土活化，所需溶出量比镁取代量较高的蒙脱石要低些就可以达到同样的吸附态。

　　目前，我国传统的成熟加工工艺是湿法活化。但是郑自立（1989）认为，对于质量较纯的膨润土采用干法活化，与湿法相比不仅可以减少工序、降低能耗，而且在任何酸剂量下，前者活化相对完全，漂白效果也好。图 6-7 是膨润土酸化加工工艺流程图。

　　原土中的蒙脱石含量高，则产品质量好、活性度高。层电荷较低的膨润土，蒙脱石铝氧八面体中镁离子类质同晶置换铝离子相对较少，硅铝比低，活性白土产品硅铝比也低。原土铝含量较高时，则易于在水中分散，胶体性能好，导致活化反应不完全及生成的铝凝胶不易漂洗，因此活性度及吸附脱色性能也差。考虑到原土膨胀容大，如果采用水土酸顺序加料，收率就会低，投料量少，降低产率，故应采用水酸土顺序。乙酸和磷酸的活化产品质量较差；硝酸的活化虽然好但有 NO_2 放出，不可用；通常用盐酸或硫酸酸化。我国活性白土湿法生产工艺：水酸土顺序投料，25%～40%的硫酸或盐酸与小于 60 目的含水量为 12%的膨润土混合

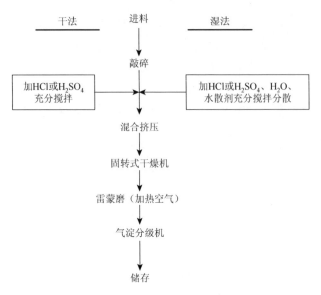

图 6-7 膨润土酸化加工流程图

后充分搅拌，制成泥浆，再用 102℃蒸汽蒸煮 4～6h，然后脱水、干燥、粉碎得活性白土。

　　活性白土在工业上应用非常广泛，主要用于石油产品精炼、脱色，如在炼油工业中净化汽油、煤油和其他矿物油、石蜡和凡士林等；在油脂工业中用于食用油的脱色是脱色白土的另一主要应用领域。另外，在肥皂、塑料、树脂等方面也有很好的脱色应用表现。在肥皂制造中，由于活化膨润土具有乳化作用、亲和碳粒及去污效力强，可起到改善肥皂效率的一种分散剂作用，代替部分油脂。每吨香皂加入 4%的膨润土，可节约混合油 344kg。临安膨润土研究所 1985 年研制了活性白土的衍生产品，可以用于石油提炼中的芳烃催化脱烯烃，代替进口的同类产品 Tonsi 颗粒白土。

6.4　钠化等改性技术

　　钠基膨润土的工艺性能明显优于钙基膨润土。如钠基膨润土的吸水率大，膨胀容大，阳离子交换容量大，在水介质中分散性能好，胶质价大，胶体悬浮液触变性、黏度、润滑性好，pH 高，热稳定性好等，所以钠基膨润土的使用价值和经济价值高于钙基膨润土。在自然界中以钙基为主，我国钙基膨润土占 90%以上，生产过剩，而钠基膨润土储量少，产品短缺，因此人工钠化是膨润土深加工的一个重要内容。其工艺机理是用 Na^+ 将膨润土中可交换的 Ca^{2+} 和 Mg^{2+} 置换出来：

$$Ca(Mg)\text{-膨润土} + Na_2CO_3 \longrightarrow Na\text{-膨润土} + Ca(Mg)CO_3\downarrow$$

人工改性膨润土的钠化剂有 Na_2CO_3、$NaHCO_3$、$NaOH$ 等，钠化储量的主要方法有悬浮剂法、堆场钠化法（陈化法）、挤压法。

悬浮液法：在配浆的同时向水中加入钙基土和纯碱，长时间预水化，使更多的钙、镁离子被置换出来。

堆场钠化法：意大利首先采用这种方法，在原矿堆场中，将 2%～4%的碳酸钠撒在含水量大于 30%的膨润土原矿中，翻动搅拌，混匀碾压，老化 10 天，然后干燥粉碎成品。

挤压法：其中包括轮碾挤压法（德国）、双螺旋挤压法（日本）和对辊挤压法（中国）等。挤压法钠化流程如图 6-8 所示。在钙基膨润土的人工钠化过程中，首先要保证钠离子必须足够高，还必须施加一定压力，主要是剪切应力，使团聚体颗粒尽可能地解离分散，增加其比表面积，扩大离子交换的接触面积以提升离子交换容量。在挤压过程中，一部分机械能转变为热能，促进离子交换的速率。适度挤压还可以使蒙脱石晶体结构遭到适量破坏，产生断键，暴露出来的新鲜断面有利于钠盐的渗透、扩散和交换，使钠化进行得更为完全。钠离子浓度钠化过程中必须保证一个合适的浓度范围，首先必须高于钙镁等离子的浓度才能使其钠化完全，但是钠离子浓度过大时，将导致增加滤失量和降低视黏度。

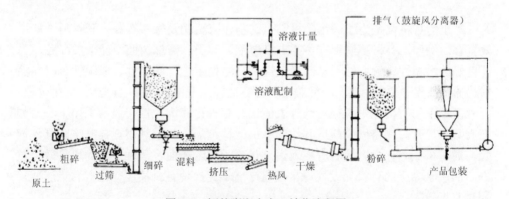

图 6-8　钙基膨润土人工钠化流程图

锂基膨润土是采用膨润土经碳酸锂改性而成的，在水和极性有机溶剂如乙醇中均能溶解成胶体或充分溶胀使体系黏度增强。锂基膨润土在水中的分散性、膨胀性及低失水性均优于同类钠基膨润土；经少量水润湿后，在醇溶液中具有极高的膨胀性、增稠性和悬浮稳定性。锂基膨润土的使用范围广，可适用水基、醇基及其他极性溶剂制作的涂料中。锂基膨润土的制备工艺路线是：首先将膨润土加入少量水润湿，放置 24h，然后加入预制的改性剂——草酸锂（LiCl 或 LiCO₃ 内加入一定量的草酸和水，搅拌使之溶解，制备草酸锂）搅拌，再加水搅拌，加热至反应温度，保温 0.5h，制得锂基膨润土浆料，静置一定时间后过滤、干燥、粉碎得产品。

　　交联蒙脱石是普通膨润土深加工所得，是用带正电荷耐高温的交联剂（有机或无机聚合物）代替蒙脱石层间可交换的阳离子，将其 2∶1 单元层桥联并撑开，可形成一种二维通道（2∶1 单元层为"板"，交联剂为"柱"）的"层柱"状结构的新矿物。这种新矿物的层间距、柱间距可根据需要调节，它是一种适合石油催化裂化用的新型催化剂载体。对于石油催化载体的研究，早期都采用酸处理过的膨润土或高岭土，后来发展到无定形的硅铝催化剂。20 世纪 60 年代开始发展了 Y 型分子筛，催化剂载体的研究向着空间大、选择性高、热稳定性好的方面发展。20 世纪 70 年代后期，国外又提出用交联蒙脱石作为石油高温裂化的催化剂载体。普通蒙脱石是膨胀型黏土，其层间距是不固定的，当有较多的水和其他有机极性分子进入层间后，层间距可扩大为 2nm 以上，但是这些水合离子受热不稳定，当加热到 300℃时层间水将全部失尽，层间塌陷，因此普通蒙脱石不适应于石油催化裂化所需的高温裂化。交联蒙脱石需采用结晶度好的蒙脱石，以及有利于加工成坚固的"层柱"状结构的规则混层矿物（如累托石）。

6.5　有　机　化

　　黏土的有机化是为了满足无机黏土矿物在有机相及橡塑等高分子材料中的增效复合。例如，有机膨润土在各类有机溶剂、油类、液体树脂中能形成凝胶，具有良好的增稠性、触变性、悬浮稳定性、高温稳定性、润滑性、成膜性等，在涂料、油漆油墨、航空、冶金、橡胶塑料、石油等工业中有重要且广泛的应用价值。纤维型黏土的有机化则仅需对其外表面进行有机化修饰改性，通常采用干法，如在雷蒙磨粉碎时，将硬脂酸或其他的有机改性剂加入；或利用搅拌磨方式强烈混合，通过机械力化学方式将有机改性剂包裹于黏土表面，改性方法简单且效果较好。而层状黏土的有机化改性通常指通过离子交换使有机插层剂进入黏土层间，相对难度较大。

6.5.1　插层方法

　　有机插层方法多样，主要有机械力化学插层法和微波辐射插层改性等。机械力化学插层法是通过机械搅拌和挤压研磨等作用对黏土施加机械能而诱发其物理化学性质变化，从而实现高岭土的插层改性。对于某些在常温下按热力学条件不可能发生的反应可以选择机械力化学插层法。蒸发溶剂插层法是指小分子在蒸发溶剂浓缩混合体系的过程中，进入黏土层间而实现的插层反应。这种方法实际上属于液相插层，是以溶液浓度的变化为反应驱动力。微波能激发改性剂进入亚稳态，促进其插入黏土层间增大层间距；微波具有加热速度快、加热均匀的特点，可实现在分子水平的搅拌，有助于层间的快速膨胀及层间氢键的断裂；水是吸收微波最好的介质，是微波辐射插层改性首选的溶剂和促进剂。微波插层改性的辐射能量为 $10\sim100$ J/mol，而化学键能通常在 $100\sim600$ kJ/mol，氢键能为 $8\sim50$ kJ/mol，因此可利用微波辐射来对黏土进行插层改性而不用担心引起不必要的化学反应。超声波插层改性通常选用 20kHz 以上频率，其强穿透能力强可促进黏土和插层剂混合及插层作用；超声所产生的空化作用可以提供局部超高温、超高压等特殊反应条件，加速插层剂的深度插入和随后层间的水解和聚合等化学反应。

6.5.2　有机插层剂

有机离子的大小、覆盖量和层间电荷密度是影响有机插层的主要因素，以膨润土为例。蒙脱石的构型是极性的，它与液体、溶液或含有其他极性物质的悬浮液接触时，蒙脱石上的负电中心吸引周围液体中极性物质上的正电中心。水分子是被蒙脱石吸附的最重要的极性化合物，甘油、多元醇醚都能置换水分子而吸附在蒙脱石的表面。此外，许多非离子的有机分子内部电子的分布缺乏对称性，存在带正电荷和负电荷的两个中心，因此都能够吸附于蒙脱石上。有机离子被蒙脱石吸附受静电作用力和范德华力制约。分子量小的离子吸附最多只能达到阳离子交换量；而较大的离子可以吸附得较多，且因范德华力作用较大而不易解离，一般而言，有机偶极分子的吸附能都比水分子的吸附能大。表 6-2 表明用较小有机分子测定的阳离子交换量几乎与用钡离子代换氢离子所得的交换量相等。有机离子在蒙脱石表面吸附为晶层间取向排列，其中平面型的离子都以其平面与蒙脱石晶面平行，一些有机化合物可以在蒙脱石晶面上吸附一层以上。

表 6-2　用某些有机阳离子测定的蒙脱石阳离子交换量

交换剂	阳离子交换量/(mmol/g)
联苯胺	9.1
对氨基二甲苯胺	9.0
对苯二胺	8.6
α-萘胺	8.5
2,7-二氨基芴	9.5
吡啶	9.0
钡	$9.0\sim9.4$

资料来源：Grim R E. 1953. Clay Mineralogy. New York：Mc Graw-Hill Book Company.

蒙脱石具有盐的离子交换性能、酸醇的酯化作用、酰化作用等反应性能，不同的反应类型形成不同键型的有机复合物。蒙脱石与有机离子形成以离子键为主的有机复合物（可以看成是复盐）；蒙脱石与卤代硅烷、羟基硅烷、卤代烷、酰氯和环氧烷等反应形成共价键为主的有机复合物，这种反应主要在硅氧四面体中；而与中性极性分子（如醇类反应），则形成以氢键、偶极为主的有机复合物，反应主要发生在层间；蒙脱石与高分子聚合物（中性分子或阴离子型，如聚氧乙烯醚、聚丙烯酰胺、聚丙烯酸钠或共聚物等）反应，形成另一类更为复杂的有机复合物。由于蒙脱石是个大分子，因此范德华力对上述几类有机复合物的稳定性都有增强作用。一般而言，当蒙脱石的晶面被有机离子包裹时，其吸水性能逐渐减退，一般有机离子越大，则吸水性能越差。此外，实验表明蒙脱石在 $400\sim500℃$ 脱水后不能在水中复水，但都能吸取甘油而膨胀。

有机插层剂通常都是烃链长度适中的阳离子表面活性剂。烃链短则其在水中溶解度大，因不易插层，而不利于在膨润土表面形成疏水薄膜；烃链过长则在水中溶解度过低，因不易分散，使非极性基过分疏水而影响与膨润土的交换反应。当改性剂分子截面积达到大于或等于层间交换点所占面积时，层面才达到足够的覆盖度，才能在有机溶剂中形成较好的凝胶体。因此，作为有机膨润土的有机改性剂，不同层电荷型的蒙脱石需选择适宜的有机改性剂。对于典型的怀俄明型蒙脱石，可以用双链或三长链烷基铵盐；对于层电荷偏高的蒙脱石（0.4 左右）一般不单独适宜双或三长链烷基铵盐。实践证明，表面活性剂的碳原子数不宜小于 12，最常用的表面活性剂是高级脂肪酸的季铵盐或胺。国外常用的季铵盐有三甲基十八烷基氯化铵和双十八铵盐，其中以双十八铵盐的性能最佳，但是我国尚未找到适合这种改性剂的膨润土。我国目前一般用二甲基十八烷基苄基氯化铵和三甲基十八烷基氯化铵，其用量以满足膨润土的阳离子交换容量为准，实际用量略多些。表 6-3 为国内外主要有机膨润土商品。

表 6-3　国内外主要有机膨润土商品

商品名称	蒙脱石类型	覆盖剂	生产单位	主要用途
Bentone-34	怀俄明土	二甲基双氢牛脂铵盐	美国 ML 公司	油漆、油墨
Bentone-38	汉克托石	二甲基双氢牛脂铵盐	美国 ML 公司	油漆、油墨
Bentone-27	汉克托石	二甲基双氢牛脂铵盐	美国 ML 公司	油漆、油墨
Clayton-IMG	怀俄明土	二甲基双氢牛脂铵盐	美国 ECC 公司	钻井泥浆
Clayton-34	怀俄明土	二甲基双氢牛脂铵盐	美国 ECC 公司	油漆、油墨、钻井泥浆
Tixo Gelvp	怀俄明土	二甲基双氢牛脂铵盐	美国催化剂公司	油漆、油墨
Geltone	B_34 预凝胶	二甲基双氢牛脂铵盐	美国催化剂公司	油漆、油墨
Microgel	蒙脱石或汉克托石	氨基酰铵盐	美国某公司	润滑脂

商品名称	蒙脱石类型	覆盖剂	生产单位	主要用途
Nykon-77, 88	蒙脱石或汉克托石	季铵盐	美国某公司	润滑脂
Baragel	汉克托石	季铵盐	美国某公司	润滑脂
182B	膨润土	单烷基二甲基铵基	浙江黏土开发公司	润滑脂
4604	膨润土	单烷基铵盐	天津津西陶土厂	油漆、油墨
841	膨润土	烷基铵盐	浙江临安化工厂	油漆、油墨

6.5.3　有机插层的产业化技术

有机膨润土的制备一般有湿法、干法和预凝胶法三类。其中湿法是将分散膨润土经改性、提纯、精制，用长碳链有机阳离子取代蒙脱石晶层间金属离子，使层间距扩大至 1.7～3.0nm，形成疏水的有机复合物再经脱水干燥破碎形成粉体产品。而干法则是将含水量 20%～30%的精选钠基蒙脱石与有机改性剂直接混合，加热混匀后，再经挤压制成含有一定水分的有机膨润土；也可以进一步烘干、破碎成粉状产品，或将含有一定水的有机膨润土直接分散在有机溶剂中（如柴油），制成凝胶或乳胶产品。预凝胶法类似于湿法，是在有机改性过程中加入疏水有机溶剂（如矿物油），把疏水的蒙脱石复合物萃取进入有机油，分离出水相，再蒸发去除残留水分，直接制备成有机膨润土凝胶。湿法生产有机土过滤困难，不易大规模生产，因此干法越来越受到厂家重视。我国膨润土有机改性典型工艺如下。

湿法工艺：钠基膨润土分散在水中浓度为 1%～10%，加入适量的碳酸钠改性以提升阳离子交换容量。悬浊液加热到 38～80℃，在不断搅拌的条件下，慢慢加入溶于乙二醇中的季铵盐有机改性剂，连续搅拌反应 4～8h，然后停止加热和搅拌，反应产物经沉淀池沉淀离心脱水处理后，在 200℃以下烘干粉碎，即得有机化膨润土。

干法工艺：将膨润土和阳离子改性剂按一定比例混合，碾压后加热到 60℃，再碾压 45min，烘干、粉碎至 200 目。

原则上任何膨润土都可以作为有机化的原料，但是制成的有机土质量相差非常大。蒙脱石的层电荷、晶格有序度是影响蒙脱石分散、膨胀性能的直接结构因素。层电荷低，层间结合力就小，层状集合体便易于拆散；类质同晶有序度低或置换原子间的半径不同，会引起 Si-O 四面体和 M-O(OH)八面体晶格结构的扭曲，导致层面歪斜和凹凸不平，并增加端面断键。这都有利于在溶剂中分散而形成端-面、端-端的网架结构；铁和钠等大半径离子类质同晶置换八面体中的铝和镁将增加晶格的缺陷，降低有序度。怀俄明型蒙脱石具有上述结构特征，适合制备有机膨润土;相反,层电荷高、类质同晶置换有序度高的切托型蒙脱石就不适于制备有机膨润土。介于低层电荷型蒙脱石与高层电荷型之间的过渡型蒙脱石(单位半晶胞小于或等于 0.45)选用适当改性剂和制备工艺,也可以制备质量较好的有机膨润土,如浙江临安钠基膨润土。在通常条件下,制备有机土的蒙脱石之纯度最好在 90% 以上,纯度降低则产品质量降低。按浙江省黏土矿产公司及部分生产厂家意见:制备有机膨润土的蒙脱石品位大于 95%,改性后晶层间吸附的钠离子交换容量为总容量的 90% 以上;含砂量小于 0.5%;含水小于 8%;阳离子交换量大于 1mmol/g;粒度小于 2μm 的颗粒应占 95% 以上;蒙脱石的层电荷应小于 0.45,通常选用该值为 0.25~0.40 且晶格有序度低的蒙脱石。实验表明,用纯钠基膨润土制备有机土并不理想,膨润土中的钠离子与钙离子有一定比例时,才能达到最大的配置倍率和最快的水化速度。国外用钠离子和磷酸活化改性制备有机土,我国则是用硫酸活化和氢离子交换效果较好。无机酸的引入使悬浮液的 pH 为弱酸性,蒙脱石端缘及断键引起裸露羟基与氢离子发生作用,同时促进八面体中镁铝部分溶出,增加层间可交换阳离子数;同样,四面体中硅氧间与氢离子作用而溶出形成无定形硅,将有利于有机分子进入层间,形成离子交换吸附。

改性程度对产品的凝胶性能有非常大的影响,改性度不足,则有机化疏水程度不足,产品难以在有机溶剂中溶剂化分散解离,胶体性能下降;改性程度过高,则膨润土层面将出现正电荷,分散后的膨润土片层不易形成瓦片屋的网架结构,也将降低凝胶化作用。最佳改性剂添加量应该是接近 CEC 或稍多一些。有机膨润土产品中存在着少量水(1%~3%)有利于提升有机膨润土的凝胶性能,因此干燥温度应控制在 130℃ 以下。表 6-4 为美国 Benton-34 有机膨润土质量标准。

表 6-4　美国 Benton-34 有机膨润土质量标准

项目	指标
灼烧失重	900℃ 灼烧 2h 应在 5.5%~40.5%
凝胶强度	在甲苯、甲醇溶液中加 2% 的强度应为 60g
水分	105℃ 烘干 2h,干燥失重不大于 3.5%
粒度	干粉全部通过 200 目标准筛

6.5.4　有机膨润土的凝胶性能应用

有机膨润土的凝胶性能主要是指膨润土在有机溶剂中的分散性、凝胶强度、触变性能和热稳定性。与水凝胶相类似,有机膨润土凝胶的溶剂化层面和端面由于电性不同,容易端-面、端-端缔结,形成网架结构的包裹大量有机溶剂的具有一定黏度流变性的假塑性体凝胶。具有优良凝胶性能的有机膨润土的结构应该是：复合物层状集合体易被分散；有机改性程度适当。有机蒙脱石的凝胶性能与有机蒙脱石本身结构特征和溶剂体系均有关系。

有机膨润土在我国已有三十多年的生产应用历史，广泛用于工业涂料和脱模剂的生产。有机膨润土是工业涂料的悬浮剂、增稠剂，其具体使用方法是：先将有机膨润土做成有机膨润土膏（或称有机膨润土凝胶），再用有机膨润土膏作涂料和脱模剂，有机膨润土膏制备工艺如表 6-5 所示（采用高速分散机）。

表 6-5　有机膨润土膏的制备工艺

投料次序	操作	投料量（质量分数/%）
（1）溶剂（溶剂油）	混合 5min	87
（2）有机膨润土	混合 5min	10
（3）极性活化剂	混合 5min	3

在实际应用中，有机膨润土用量可增减，最佳极性活化剂有含水（5%）的 95%甲醇、乙醇和碳酸丙烯酯。含水的甲醇或乙醇可以显著提升活化效率，黏度很快上升；而使用无水甲醇或乙醇则没有凝胶效果。通常使用 95%甲醇则有机膨润土量为 33%，使用 95%乙醇时则有机膨润土用量可达 50%，而使用碳酸丙烯酯则有机膨润土量通常为 33%。

6.5.5　高岭石的插层

高岭土层间不存在可以用来置换的离子，而且层间氢键的作用强，因此只有少数有机分子能够直接插入高岭土层间，如二甲基亚砜（DMSO）、肼、甲酰胺、乙酰胺、N-甲基甲酰胺、乙酸铯、乙酸钾、乙酸铵等。有些分子虽不能直接进入层间，但可以通过取代、夹带的方式间接进入高岭土层间，如甲醇、苯甲酰胺（BZ）、脂肪酸盐、1,4-丁二醇、对硝基苯胺、烷基胺等。曹秀华等认为，高岭石的插层反应是通过层间氢键的断裂，以及和插层分子形成新的氢键而实现的。质子给体，如尿素和酰胺类物质含—NH_2，通过和硅氯层的氧原子形成氢键而插层，由于氧是比较弱的电子受体，因此这类氢键作用力较弱。而对于质子受体，如乙酸钾和 DMSO 含有可以接受质子的官能团—C=O—或—S=O—，与铝氯层的羟基形成氢键 C=O—HO—A1 或 S=O—HO—A1 而吸附于高岭土层间。同时具有两种官能团的插层剂，如尿素（C=O、—NH_2），有可能同时形成上述两种氢键，温度为 298K 时，尿素通过—NH_2 和高岭土形成氢键。由于这两类氢键相对来说都比较弱，因此小分子插层高岭土不稳定，水洗、在空气中加热或降低插层剂的浓度等，都有可能导致小分子的脱嵌，插层高岭土恢复到原来的晶体结构。插层高岭土的稳定性和形成氢键的个数有关，形成氢键越多，插层高岭土越稳定。FA-地开石、MFA-地开石、DMSO-高岭土分别可以形成 4 个、3 个、2 个氢键。因此形成插层物的稳定性顺序为 FA-地开石、MFA-地开石、DMSO-高岭土。有机分子插入高岭土层间后，分子趋于有序排列，热力学上是个熵减的过程，即 $\Delta S < 0$。插层反应能否进行就取决于插层反应的焓变 ΔH。这表明，只有当有机插层分子与高岭土层间存在特定的相互作用时，才能使插层反应得以进行。这些相互作用包括离子交换、酸-碱作用、氧化还原作用和配位作用。

6.6　黏土产业现状及发展重点

我国黏土产业发展迅猛，矿产资源节约与综合利用成绩显著，已成为有效缓解资源短缺、减少环境污染、促进节能减排的重要途径，对保障经济社会可持续发展做出了重大贡献。各类黏土产业现状与整体非金属矿产业发展现状基本一致。

6.6.1　产业整体现状

我国非金属矿储量丰富，一些应用最广泛的矿种储量均位居世界前列，其中菱镁矿、重晶石、膨润土、石墨、石膏居世界第一位；萤石、滑石、硅灰石、温石棉、芒硝居世界第二位。但是丰富的储矿量无法承受无限度的开采。非金属矿原矿必须通过加工才能加以应用。目前我国非金属矿行业大多以初加工为主，有些甚至挖掘后直接出售，对矿石的功能、价值几乎完全没有进行开发，仍然处在"一流的资源，二流的产品"发展阶段，仍然"捧着金碗要饭吃"。全行业各矿种都缺少大型骨干企业。企业规模小，难免缺乏长远眼光，急功近利，采用"掠夺式开采"的方式，非金属矿资源滥采乱挖的情况十分严重。该局面的存在导致"低价出口原料，高价进口产品"不能得到有效遏制。

中国非金属矿工业的发展方向将不再是简单的矿石提供产业，而是以精细化加工为主导的矿物材料供应产业。近年来，随着矿产品价格持续攀升和开发利用技术不断进步，矿产资源综合利用日益受到矿山企业的重视，一大批低品位、共伴生等矿产得到开发利用，尾矿、煤矸石及粉煤灰等固体废弃物得到积极利用，资源节约和综合利用工作已成为调整产业结构、提高经济效益、改善环境、创造就业机会的重要途径。积极推进并逐步完善矿产资源有偿使用制度，形成了矿产资源规划分区管理、开发准入等制度，有力促进了资源开发利用效率和水平的提高。产业规模快速增长，部分矿种产业集中度有所提高；技术装备水平提升；采选及深加工关键工艺和设备取得突破，采矿机械化、大型化、专业化水平明显提高。以提纯超细、改性复合为代表的非金属矿深加工技术快速发展。原矿和初级产品出口比例有所下降，加工制成品比例提高，进出口结构优化改善。

6.6.2　黏土产业发展对策

近年来，从事黏土研究、开发、应用的单位和研究人员与日俱增，在化工、环境、医药、保健、农业等诸多领域呈现了良好的发展势头。但是鉴于黏土资源的不可再生性，其可持续发展必须要有更高的目标定位、更高的产业追求，宏观上必须营造良好的产业发展环境，重点在于重视创新市场的引领驱动作用和科技研发的支撑作用。

创新市场的引领驱动作用是可持续发展的重要保障。在产业规划和具体管理实施中，要通过统一协调政府行为逐渐走出无序恶性竞争，强化自主创新和品牌的培育，在产学研深度合作中集中优势资源，做好产业关键技术和共性技术的攻关。此外，实现非金属矿工业可持续发展，必须扶持打造业内领军的大中型企业，实现非金属矿产业规模化格局。通过整合，加快行业各主要矿种的生产能力向大企业集中，以促进先进技术的引进和降低单位产品的能源、原材料消耗，对减少废弃物的排放和环境治理也将具有积极意义。

黏土产业是资源综合利用行业，技术层面上也面临许多亟待解决的可持续发展问题。如何深度和循环利用黏土，在保护中实现高值利用，对黏土产业链的可持续发展具有深远的意义。充分利用黏土矿物的天然特性，通过技术创新最大化发挥其应用价值。重视黏土应用基础研究与经济发展的紧密结合，重点发展有利于黏土资源高效利用和产业结构调整与产业升级的产品及相应制备技术与装备的共性或重大关键技术创新项目，提高黏土资源（特别是低品位矿及尾矿）的综合利用率。

第7章　凹土产品成功开发案例分析

我国凹凸棒石自 20 世纪 80 年代发现后，很快在江苏盱眙形成一定的产业规模。目前，盱眙主要凹土产品占全球市场的 50%、国内市场的 75%。国内市场上，75% 以上食用油脱色剂、80% 以上干燥剂是"盱眙造"。从凹土产品市场看，食用油脱色剂和干燥剂占据其市场份额的 2/3 以上。剖析盱眙凹土成功开发的产品案例，有助于我们总结黏土高值化开发过程中的经验规律，为形成科学技术支持的黏土产业可持续发展提供可以借鉴的报告经验。

凹凸棒石的一维纤维状外观及多空隙的内部结构特性，赋予其独特的胶体和吸附性能。虽然其吸蓝量、离子交换容量等不及蒙脱石，空隙特性弱于沸石和硅藻土，其胶体和吸附性能并不特别出。但是开发中充分扬长避短，则能有意想不到的发展空间。盱眙凹土的主要组分为短晶凹凸棒石，决定其最适开发方向应该是吸附类产品或相关功能新材料。综合分析盱眙凹土产业产品特征，快速形成规模化市场的产品均符合上述规律。

7.1　凹凸棒石黏土干燥剂

7.1.1　干燥剂

干燥剂是一种通过物理或化学方式吸收环境或物料中水分的材料，其干燥原理是通过物理方式将水分子吸附在自身结构中或通过化学方式吸收水分子变成另外一种物质。为使产品免受或少受水分的影响，药品、化妆品、化工产品、仪器仪表、武器装备和大多数加工食品等包装中都要使用干燥剂进行防潮，避免药品失效、食品或化工产品变质及仪器仪表生锈或降低精度。工业生产中采用干燥剂将气体或液体物料的水分干燥脱水至痕量，以防止气体物料在冷冻液化精馏或在管道内输送时，微量水分生成固体的水合物堵塞管道；另外，水分是很多催化剂的毒物，对反应过程有很大的影响，因此必须对反应物料和溶剂进行深度干燥。干燥剂的种类主要有氧化物干燥剂、无机盐干燥剂、合成干燥剂（硅胶、合成沸石分子筛和活性氧化铝等）、纤维干燥剂和矿物干燥剂等。

硅胶是一种坚硬、多孔结构的固体颗粒，其化学式为 $SiO_2 \cdot nH_2O$，是无定形的二氧化硅，多为不规则透明球体。硅胶是一种高活性吸附材料，易于吸附极性物质（如水、醇等），其最适合的吸湿环境为室温，能吸附气体中的水分达硅胶自身重量 50%之多，能使环境的相对湿度降低至 40%左右，但难于吸附非极性物质。另外，硅胶干燥剂是通过美国食品和药物管理局（FDA）认证，可与食品和药品接触使用的干燥剂，因此硅胶干燥剂应用范围非常广泛。

合成分子筛干燥剂是一种人工合成且对水分子有较强吸附性的干燥剂产品，为结晶型硅铝酸盐化合物。其晶体结构中有严格的孔道结构，孔径大小为分子级，只允许直径比孔径小的分子进入，因此能将混合物中的分子按大小加以筛分，故称分子筛。合成沸石分子筛是极性吸附剂，对极性分子，特别对水有很大的亲和力，易于吸附。与硅胶和活性氧化铝相比，分子筛在气体中水分分压很小，在浓度较低时仍能保持较高的吸附能力，而且还能选择吸附有机化合物。在较高的温度下，分子筛仍具有很好的吸附能力，通常可将相对湿度降至 10%。但吸湿率较差，且不可降解，一般合成分子筛用作工业气体或液体的吸附干燥剂时，吸附后经再生反复使用。

纤维干燥剂是由纯天然植物纤维或高聚物纤维和助剂（如氯化钙、氯化钠、聚丙烯酰胺、硅胶、沸石和蒙脱石等）经特殊工艺精制而成。添加其他功能助剂，可得到特殊功能（如变色、防蛀和防静电等）的纤维干燥剂。尤其是覆膜纤维干燥剂片，方便实用，不占用空间。其吸湿能力达到自身重量的 100%，是普通干燥剂无法比拟的。以天然植物纤维为吸湿载体，可完全自然降解，属环保型干燥剂，产品安全卫生，可用于生物制品、保健食品和药品、字画书籍、文物古董、档案标本和服装鞋帽的防潮。

矿物干燥剂主要有蒙脱石干燥剂、膨润土干燥剂、海泡石干燥剂和凹凸棒石干燥剂。与目前市售的其他类型干燥剂相比，矿物干燥剂吸附速度快、吸附能力高、无接触腐蚀性且无毒、无味、价格低廉。蒙脱石干燥剂是由天然的矿物原料加工而成，其吸湿率取决于蒙脱石的含量，最大吸水量为其体积的 8～15 倍，吸湿后膨胀倍数甚至可达 30 多倍。最适宜吸湿温度在 50℃以下，当温度高于 50℃时，表面的水气蒸发量大于吸附量，表现为增湿。但蒙脱石干燥剂在吸湿时伴有体积膨胀，在某些条件下不宜使用。在相对湿度 80%的条件下，海泡石干燥剂的吸湿率大于硅胶和活性炭。天然海泡石干燥剂吸湿后，可用加热等简单的方法使其再生。但长纤维状晶形的海泡石对人体健康的安全性还没有完全定论，在国际市场上销售时还会受到某些质疑。

7.1.2　凹土干燥剂

凹土干燥剂是采用纯天然矿物原料及活性吸湿剂经过活化处理精制而成。在室温下，凹土干燥剂具有良好的吸附活性、静态减湿和异味去除等功效，性能优于变色硅胶和蓝色硅胶，且高温下吸湿能力优于蒙脱石。目前，蒙脱石的吸水膨胀性及海泡石对人体健康危害的可疑性限制了它们的发展。凹土是一种绿色环保材料，无毒无味、对人体无损害，不仅具备其他硅酸盐矿物的优点，而且无膨胀性，在干燥剂领域近年受到广泛关注。同时，由多种天然矿物质和助剂复合，得到性能优越、形态多样的矿物干燥剂，推动矿物干燥剂工业的发展。

凹土本身具有很强的吸水性，吸水率高达150%，而且其湿弯模量大，能将其吸附的液体蓄在孔道内。当凹土与液态水接触时，凹土优先吸附水，这样孔道中充满了水。通过适度的酸处理可以去除凹土矿中伴生的碳酸盐和可溶性杂质，疏通孔道、增加活性位点数量使凹凸棒石比表面积增加，从而改变凹凸棒石的带电性和吸附活性。凹土的吸湿率均随酸浓度的增加呈先上升后下降的趋势。主要原因是，当进行酸活化时，H^+置换出晶体中的阳离子，造成空隙增多、比表面积增大，物理吸附性能增强；当酸浓度较大时，凹凸棒石结构中部分八面体阳离子会被溶出，四面体失去支撑，结构塌陷，比表面积下降。通过酸化提升吸湿率不明显，这也说明了酸处理不是提高凹凸棒石吸湿性的有效方法。

提纯凹土的吸湿率略高于原土，说明仅仅提纯并不能有效提高凹土的吸湿性能。通过与五类基本吸附等温线比较，原土和提纯凹土对水气的吸附基本满足III类吸附等温线，符合BET多分子层吸附理论。在低湿度下，凹土对水气的吸附为多层吸附，吸附等温线基本为一直线；随着相对湿度的增加，部分微孔发生了毛细凝聚，使得曲线斜率增加，导致了吸附量大幅增加。

对凹土进行适当的热处理，可以增大比表面积和吸湿性。凹土的吸湿量随热处理温度的升高，呈先上升后下降的趋势，在200~250℃时，吸湿率达到最大。这是因为凹凸棒石失去吸附水和沸石水，孔道变大，吸附性能增加；而在温度高于350℃时，凹土的颜色从灰白色变为淡黄色，说明在高温下凹土不仅仅脱失晶体中的结晶水和结构水，而且晶格也发生了畸变、坍塌，吸附性能减小。在较高相对湿度下（RH＞90%），热处理后的凹土吸湿量略大于变色硅胶和5A分子筛；而在较低的相对湿度下，凹土的吸湿能力弱于这两种干燥剂。

凹土吸附液态水主要是外表面吸附，所以可以通过在凹土中加入添加剂来提高凹土吸湿性能。利用添加剂对水气进行吸附，使气态水分子转化成液态水，当水气液化后，再被凹土吸收，蓄于孔道内，达到理想的干燥效果。常用的添加剂有氯化钙和各种类型的硅胶等，这些添加剂本身也是很好的干燥剂，且干燥速率快，干燥能力高。

氯化钙复合干燥剂主要是在凹土中添加氯化钙，增加其对水气的吸附能力，提高干燥能力。氯化钙含量对干燥剂吸湿率的影响如图7-1所示。在较低相对湿度下，复合干燥剂的吸湿能力随着氯化钙含量的增加，呈现先增加后减小的趋势。对于含氯化钙10%（质量分数）和20%（质量分数）的复合干燥剂，在低湿度阶段，其吸湿量随着氯化钙含量的增加而增加，这可能是由于氯化钙含量较少，分散性好，在低压下，可与凹土的孔道产生协同作用，增大吸湿量。而添加较多的氯化钙会产生团聚现象，以致堵塞孔道，比表面积下降。当相对湿度高于 30%时，氯化钙会吸收水形成结晶水合物，同时，凹土表面孔隙有毛细凝聚作用，干燥剂吸湿量会显著增大。在相对湿度为 80%时，复合干燥剂的吸湿量远高于传统硅胶和分子筛干燥剂，其中凹凸棒石中孔道的储水性能对吸湿能力的影响较大。制备方法对干燥剂吸湿性能影响较大，溶解混合法制备的干燥剂吸湿量最大（61.7%），其次是浸渍法（58.4%），直接混合法制备的干燥剂吸湿量较小（54.4%）。这可能是因为采用溶解混合法制备时，氯化钙分散较均匀；在采用浸渍法制备干燥剂的过程中，部分氯化钙会进入凹凸棒石孔道，这样就限制了凹凸棒石的吸湿能力；而直接混合法中，氯化钙和凹凸棒石混合不均匀，存在较大颗粒的氯化钙，影响吸湿性能。复合干燥剂吸湿率随温度升高的变化趋势为先增大后减小的趋势。300℃吸湿量最大，达到 62%。添加氯化钙的凹凸棒石复合干燥剂具有良好的再生性和稳定性，可反复使用。

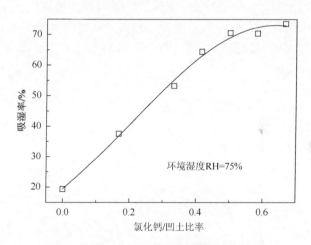

图 7-1　氯化钙含量对干燥剂吸湿率的影响

图 7-2 展示了凹土和大孔硅胶的孔径分布。由图可知，凹土在孔径为 5nm 左右和小孔范围有显著的孔隙分布；大孔硅胶以孔径 30nm 左右为主要分布，在小孔、中孔和大孔均有丰富的孔隙分布，这主要是由其结构决定的，而不是颗粒堆积形成的，所以其锁水结构牢固，不易发生结构破坏、干燥剂强度下降和吐水等现象。由于吐水主要发生在中高湿度条件下，此时吸湿主要以毛细凝聚为主，所以丰富稳定的孔隙结构是防吐水的主要保证。大孔硅胶的孔隙主要是其结构自有而非颗粒堆积孔隙，因此其锁水结构牢固，不易发生液化导致的结构破坏等干燥剂强度下降和吐水现象产生。

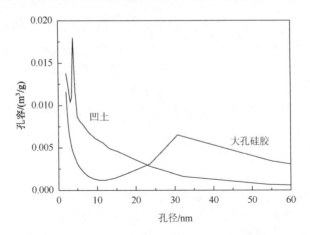

图 7-2　凹土和大孔硅胶的孔径分布

　　随着大孔硅胶添加量的增加，吐水现象出现的时间越发延迟。适量添加硅胶对吸湿率有一定的提升作用，但是硅胶对干燥剂吸湿率的贡献远小于氯化钙；当大孔硅胶/凹土比率大于 0.12 时，干燥剂的吸湿能力快速趋于下降（图 7-3）。吐水考核结果表明，大孔硅胶的添加对干燥剂吐水现象改善显著，添加量越大，则吐水现象出现的时间越延迟。综合吸湿率和防吐水表现，确立大孔硅胶/凹土比率以 0.15 为宜。

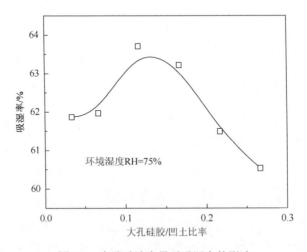

图 7-3　大孔硅胶含量对吸湿的影响

　　造粒会使凹凸棒石干燥剂的吸湿速率明显降低，而且粒径越大，吸湿速率越小。这主要是由于造粒以后试样与水气直接接触的表面积变小，其内部所吸附的水气要靠固体外部与水气直接接触的开孔的传递，因此降低了吸湿速率。而吸湿以前颗粒干燥剂具有很高的强度，大于 40N/颗，且粒径越大，颗粒强度越高。吸湿后试样颗粒有点软化，强度值较吸湿前明显下降，这样影响到了正常的使用。综合考虑吸湿速率、颗粒强度及包装使用方便等因素，粒径一般选在 3～4mm。当烧结温度为 200℃时吸湿率最大，当温度大于 200℃时，随着温度升高，吸湿率急剧下降。而随着温度升高，颗粒强度也增加，说明烧结可以提高干燥剂的颗粒强度。为了使吸湿率和颗粒强度之间达到理想的平衡，一般选择烧结温度为 200℃。凹凸棒石本身即可作为黏结剂使用，具有良好的黏结性，但在吸附大量水气后开始软化。通过选择水玻璃为凹土干燥剂的黏结剂可以弥补凹土本身的缺陷。水玻璃加入不会影响凹土的吸湿性能，颗粒强度有所下降，吸湿后的颗粒强度有先增后减的趋势。吸湿后的颗粒强度不是很高，但比未加入黏结剂有了明显的提高，而且颗粒强度也满足使用要求，所以水玻璃的使用量一般在 3%～5%。

　　金叶玲等指出，添加剂的加入未改变凹凸棒石的晶体结构，但复合吸附干燥剂不宜在较高温度下使用，因为当 T（吸附）<50℃时，具有良好的吸附性能，制得的复合干燥剂完全可取代人工合成分子筛进行 H_2、N_2、O_2 和空气等气体的脱湿干燥，且成本比分子筛降低很多；而当 T＞50℃，吸附同时脱附也很显著。凹土与添加剂对水气吸附作用的叠加符合 BET 多分子层吸附理论（图 7-4）；中等湿度（60%＜RH＜80%）时，随着吸附层数的增加，凹土表面对水气吸附能力有所降低，而此时毛细凝聚现象还不明显，从而导致吸附曲线斜率减小；在高湿度（RH＞80%）下，由于复合材料中的中孔甚至大孔发生了毛细凝聚，吸附曲线斜率急剧增大，这时因为大量毛细凝聚的发生，已不再满足 BET 吸附模型。

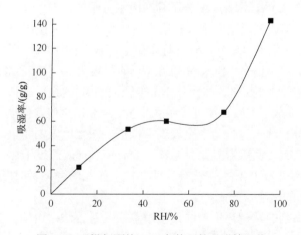

图 7-4　干燥剂颗粒 25℃条件下的吸附等温线

　　目前，以凹凸棒为主原料开发的干燥剂系列产品主要有天然矿物干燥剂、集装集专用干燥剂、气动刹车专用干燥剂、食品专用干燥剂、电子产品专用干燥剂、中空玻璃专用干燥剂等。干燥剂已成为凹土产业主打产品之一，年销量在 5 万多吨，产值一亿多元。特别是凹土中空玻璃干燥剂成为首个获得欧盟入门证的矿物干燥剂，约占中空玻璃干燥剂市场份额的 2/3 以上。

7.1.3　中空玻璃干燥剂

中空玻璃是由两片或多片玻璃以有效支撑均匀隔开并将周边黏结密封，使玻璃层间形成有干燥气体空间的制品。与传统产品相比，中空玻璃是一种低碳节能的环保产品，具有隔音、隔热、防霜、防结露的特点。干燥剂是保证中空玻璃的功能得以实现并保证中空玻璃使用寿命的核心材料，它对中空玻璃的质量起着关键的作用。中空玻璃制备工艺要求干燥剂起始吸附量要小，干燥剂要有一定的剩余吸附量，不仅要吸玻璃夹片中的水气，还要吸附以后 20 年从密封胶渗透的水气，因此从适应性而言，凹土干燥剂是目前最佳的中空玻璃干燥剂。

在最初生产中空玻璃时，其隔层铝管中最先采用的是硅胶干燥剂，后发现硅胶孔径较大，只有在空气处于高湿度条件下吸附量大，在低湿度或高温条件下吸附量很小。后采用分子筛作干燥剂。分子筛有天然沸石和人造沸石之分，天然沸石纯度低，而人造沸石是由 Si、Al、Na、O 等元素在一定条件下成凝胶、晶化、老化、洗涤生成 4A 分子筛。因为空气中有 70%多的氮气，如果吸氮量大，会导致中空玻璃出现呼吸现象，不仅影响中空玻璃的密封效果，影响其寿命，甚至会造成玻璃破碎。由于 4A 孔径为 4Å，而水分直径为 2.6Å，N_2 的分子直径为 3.5Å，O_2 的分子直径在 3.4Å，因此 4A 分子筛在吸水分子的同时，也吸附 N_2 分子和 O_2 分子，而引起中空玻璃隔层中形成真空，造成负压，使中空玻璃产生内挠现象。针对这一现象，人们对 4A 分子筛进行阳离子交换，把 KCl 溶液与 4A 分子筛反应，用 K^+ 把 Na^+ 置换出来，使 K^+ 定位在 Na^+ 的晶格上，因为 K^+ 比 Na^+ 多一个电子层，因此离子半径比 Na^+ 大，一个比 Na^+ 半径大的 K^+ 置换后定格在晶格上，使孔道变小，由 4Å 变成了 3Å，3A 分子筛吸水量比 4A 稍少些，但吸附 N_2 和 O_2 的量小，从此 3A 分子筛一直作为中空玻璃干燥剂。凹土比表面积大、吸湿性能强，总吸湿量大于 25%，其吸湿量比分子筛大 5%～8%；能深度干燥，露点达–60℃；吸附 N_2、O_2 的量小于 0.2%。实测验证凹凸棒干燥剂的静态量吸氮量为 0.53mg/g，低于 3A 分子筛的标准（2mg/g）。

分子筛干燥剂的常规评价方法常采用温升测量方法，所谓温升就是将干燥剂放入水中所产生的温差，温升反映的是吸附能的大小。如 3A 分子筛温升高达 35℃。从理论上讲，吸附过程就是个放热过程，吸附能大，放热高，温差大。温升高表明吸热速度快，该特点对干燥剂来说不一定是优点，特别是在中空玻璃中使用。在中空玻璃加工生产的从灌装干燥剂到玻璃合片打胶完毕的合片工艺流程当中，由于工艺条件及技术水平的差异，合片的时间长短相差很大，一般在 4~6h，绝大多数中空玻璃加工企业都要在 2h 以上才能完成打胶。而分子筛在 5h 就吸入了 15%的水（饱和为 20%），8h 就吸饱和了，这就造成灌装在中空玻璃里的分子筛已经吸饱或接近吸饱，由此出现质量问题。分子筛吸水速度快，一般 5h 可吸水 15%（饱和为 20%）；而凹土中空玻璃干燥剂起始吸水速度慢，5h 可吸水 5%（饱和吸水＞25%），72h 后还有 3%的吸湿能力，能够保证 3h 的合片打胶时间，与实际生产条件匹配（图 7-5）。因此，凹凸棒石黏土中空玻璃干燥剂起始吸湿速度慢的特性，符合中空玻璃加工流程的需要，为中空玻璃合片后仍具有相当吸湿能力提供了保证。

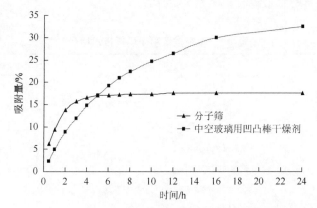

图 7-5　分子筛和中空玻璃用凹凸棒干燥剂吸附量对比

此外，从中空玻璃制备工艺和使用环境出发，以下一些特点也决定了凹土干燥剂迅速占领市场的必然性：①高性价比优势决定。凹土干燥剂在保证应用的同时制备工艺简单且成本低廉；而分子筛合成工艺相对复杂且需引入大量化学试剂，比较而言成本劣势明显。②中空玻璃干燥剂的灌装主要有两种方式：机械灌装与手工灌装。由于灌装机的孔径较小、铝条的孔径也有大有小，所以干燥剂的粒径均匀度、粒子流动性的好坏直接影响着灌装的速度。干燥剂的粒径均匀度好、粒子流动性好，灌装的效率就高，生产成本就低。凹凸棒自身黏度好，可塑性强，造粒时成球性能好，造成的粒子表面光洁度高，粒子烧成成品后均匀度好、流动性好。③干燥剂的强度和粉尘量指标对保证中空玻璃的性能十分重要。由于中空玻璃的铝条有小孔与中空玻璃内部相通，如果干燥剂的粉尘量多，落入中空玻璃腔内，容易附着在玻璃表面，且无法擦除。这会影响中空玻璃的视觉效果。市场对干燥剂的粉尘量要求越来越严，这是国际市场的一个趋势。分子筛原粉为刚性颗粒，基本上没有黏度，造粒过程和烧结后很容易产生粉尘，而凹土本身就是一种黏结剂，生产干燥剂时不需要添加任何黏结材料。④从凹凸棒石黏土原料生产到合成干燥剂，整个过程都是环境友好型的。使用后的凹土中空玻璃专用干燥剂也不会对环境造成污染，废弃后可直接作为植物生长的肥料和保水剂使用；而分子筛的原粉生产过程对环境的影响很大。分子筛无论采用哪种合成方法，均需要大量的化学制剂，会排放大量有害废液。

2010 年 1 月 15 日，全国建筑用玻璃标准化技术委员会在海南省三亚市组织召开了《中空玻璃用干燥剂》建材行业标准审查会议，凹凸棒中空玻璃用干燥剂被正式写入《中空玻璃材料平台》和行业标准之中，首次确定了凹凸棒中空玻璃用干燥剂的合法地位，并在行业标准中单列为一类，有了自己的技术指标（表 7-1）。盱眙博图公司系行业标准的主起草单位。2010 年 5 月 19 号起，凹土中空玻璃干燥剂正式列入《中空玻璃材料平台》的产品。

表 7-1　中空玻璃用干燥剂技术指标

序号	项目	设计技术指标
1	色泽	淡黄色
2	粒径	球状，0.4～2.5mm
3	静态水吸附量	≥22%
4	堆积密度/(g/mL)	0.65～0.95
5	抗压强度/(N/颗)	5～30
6	磨耗率/%	≤0.2
7	N_2、乙烯吸附率/%	≤0.2
8	包装品含水量/%	≤1.5

7.1.4　未来的凹土干燥剂市场

凹土干燥剂特点可以总结如下：粒度均匀，流动性好；强度高、粉尘量少；吸附量大且持续吸附能力强；可再生重复使用，丢弃不造成环境污染。此外，盱眙凹土经江苏省卫生防疫站检测，符合卫生标准，重金属离子 Pb^{2+}、Cd^{2+}、Ni^{2+}、Hg^+ 均在卫生指标以内，是很好的绿色环保专用干燥剂，可大量使用在食品和医疗卫生产品干燥保存领域。凹土干燥剂对传统干燥剂的逐步替代需要大量细致的针对性工艺优化，随着相关工作的推进，凹土干燥剂市场拓展扩张是必然的。

凹土独特的晶体结构和理化性能决定其在吸附干燥领域具有光明的产业化开发前景，不仅是传统干燥剂产品的理想替代品，而且在一些新兴领域也将取得较好的开发应用。例如，凹土的深度吸湿特性表明其干燥剂在化工领域广大的无水工艺中应该有显著应用前景，但相关开发工作尚未见报道。通过多元复配使凹土干燥剂更趋智能型，如对环境湿度进行一定程度的调控也将是一个非常好的发展方向。目前，凹土干燥剂的开发应用时间还非常短，其一些优势应用领域还有待于从凹土特性出发进一步探索开发，加强系统性的应用基础研究。有理由相信，随着相关工作的开展，凹土干燥剂将不仅是凹土产业中最重要的支柱产品，并将在凹土高值化市场开发中承担不可或缺的重要作用。

7.2　凹凸棒石黏土油脂脱色剂

油脂脱色是为了降低油脂的色泽，获得浅色或天然的油脂，但是现今食用油脂脱色的目的，主要是为了除去油脂中人们不希望存在的副产物，包括不利于食用安全卫生的某些有害物质，如污染造成的多环芳烃、农药残留、氧化变质物质等。人们选择各种有效的吸附剂，通过选择性吸附作用可以脱除这些副产物，确保食用油安全卫生，还可以满足对油脂进一步的加工要求。

7.2.1　油脂精炼与脱色

精炼其实就是以添加化学原料为基础，运用加热原理分离其他物质的过程，不管是大型油脂工厂还是普通小型油坊，都是秉承这一个原则和道理处理毛油的。

（1）碱炼可以脱除酸性色素，如毛棉油中的棉酚可与烧碱作用，因而碱炼可以比较彻底地除去棉酚，此外，碱炼生成的肥皂具有吸附作用，可以脱除部分叶绿素和类胡萝卜素，但是由于肥皂的吸附能力有限，不可能除去所有色素，只能有选择性地除去部分色素。

（2）酸炼对除去油中的黄色和红色较为有效，尤其对质量较差的油脂效果较为明显（特别对制油过程中加工霉变原料制得的酸值较高的毛油），酸炼可将油脂中的一些非水化磷脂转化成水化磷脂，经离心机脱胶除去，减少油中的被氧化物质。

（3）脱臭可以除去一些热敏感色素，类胡萝卜素分子在高温高真空条件下分解而使油脂褪色，它较适用于以类胡萝卜素为主要色素的油脂，脱臭能除去分子量较小的多环芳香烃色素，脱臭对于脱除油脂中的色素作用较为明显。

（4）蒸发工段油温的控制也是比较重要的，有一些色素受高温作用会形成固定色素，不易脱除，蒸发温度越高，毛油色泽越深，越不利于脱色，因为毛油中的一些蛋白质、糖类、磷脂等受高温会产生降解物，降解物形成的色素较难除去，毛油出口温度在 105～115℃较好，既不影响毛油品质，也不影响后续的脱色效果。

上述精炼方法虽可同时除去油脂中的部分色素，但不能达到令人满意的地步。因此，对于生产高档油脂——色拉油、化妆品用油、浅色油漆、浅色肥皂及人造奶油用的油脂，颜色要浅，只用前面所讲的精炼方法，尚不能达到要求，必须经过脱色处理方能如愿。

天然油脂中的色素可以分为三种类型：①油溶性有机色素，如胡萝卜素、叶绿素 A 和叶绿素 B、棉酚色素等；②存在于变质油脂中的有机降解产物，其中包括蛋白质、碳水化合物、胶质及磷脂的降解产物，一般呈棕褐色，在油脂中形成带正电荷的浮物，不溶于油乳化悬浮物；③色源体，无色质被氧化后生成的色素，如 γ-生育酚氧化后生成深红色的生育醌。其中已知成分的有机色素主要是指类胡萝卜素和叶绿素，是油脂脱色的主要目标脱除物。脱色工段的作用主要是有选择性地脱除油脂中的大部分色素，同时还可以除去油脂中的微量金属、微量皂粒、磷脂、多环芳烃和残留农药，减少影响油品质量的因素。脱色效果的好坏受油品质量、油品品种、吸附剂种类、吸附剂质量和用量、脱色温度、混合强度、脱色时间、操作压力等因素的影响。

油脂脱色的方法有日光脱色法（也称氧化法）、化学药剂脱色法、加热法和吸附法等。目前应用最广的是吸附法，即将某些具有强吸附能力的物质（酸性活性白土、漂白土和活性炭等）加入油脂，利用吸附剂对某些色素有选择性地进行吸附，从而除去油脂内色素及其他杂质的方法，同时也可将过氧化物、痕量金属、磷、硫化物、氧化产物等除去，对改善油脂色泽和提高油脂品质都具有重要意义。

7.2.2　油脂脱色剂

我国食用油年消费量达 2400 万 t，吸附剂用量超过 40 万 t，脱色过程过去大多采用石化行业使用的吸附剂-活性白土，加工每吨活性白土硫酸用量近 500kg、废水排放达 60t，环境污染严重，且产品活性度高、脱色效果差，使用后不仅残油量高还严重影响食用油的品质，浪费了原本不足的食用油资源，增加了食用油加工的成本，制约了我国食用油行业的发展。目前常见的油脂脱色吸附剂有活性白土、活性炭、凹凸棒石和沸石等。活性白土是膨润土经酸处理后得到的一种具有较高活性的吸附剂。活性白土具有较大的比表面积和表面极性，对色素及其他胶态物质的吸附能力较强，对羟基等极性原子团吸附能力更强。对叶绿素及其他胶溶性杂质（如磷脂、蛋白质、黏液物等）具有较好的选择吸附能力，可脱除溶于油中或以胶态粒子分散在油中的色素及其他杂质，已经在大豆油、花生油、葵花籽油和菜籽油等食用油脱色方面获得广泛应用。然而，活性白土在制备过程中若酸洗不彻底，会导致脱色后油脂的酸价回升，氢过氧化物和次级氧化产物含量升高，最终造成油品品质下降；同时活性白土吸油率较高，提高了生产成本。活性炭可有效去除油中绿色和红色色素，但活性炭吸油率较高，脱色后过滤速率慢，尤其是价格昂贵，分离手段复杂，限制了其在油脂脱色中的广泛应用。目前主要是与活性白土复合使用，以提高活性白土的吸附性能。

　　我国虽然在 1982 年才发现凹土，但半干法凹土油脂脱色剂的生产及应用技术发展很快，目前在油脂脱色方面，凹土占据国内近 70% 的市场份额，酸性白土占30%，大豆油脱色主要以凹土为主，是凹凸棒石黏土产业链中的主要产品。图 7-6 为主要油脂吸附效率对比。

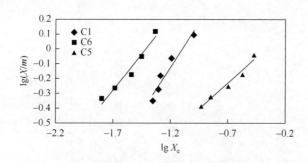

图 7-6　油中色素类物质在不同吸附剂上的吸附对数图

C1：凹土吸附剂；C5：活性炭；C6：膨润土；X_e 表示剩余色素含量；X/m 表示单位吸附剂吸附色素的含量

　　膨润土为原料的活性白土加工生产膨润土为原料的活性白土加工生产方法以湿法为主，是将膨润土、硫酸、水混合后在搅拌的情况下加热到 100℃，活化一段时间后洗涤、烘干、破碎，即得产品。该方法最大的缺点就是耗酸量大，因此导致洗涤用水量大，环境污染严重，成本高。步骤依次为：选矿；原土打浆、提纯并排放沙砾和水；加入酸和水，在 80～100℃ 下活化 10～30min，同时以 1000r/min 搅拌；吸滤，滤液循环至打浆提纯步骤，滤渣至下一步；干燥、粉碎；成品检测、包装。主要存在的问题是：酸性废水的处理量大，吸油率大。活性白土脱色使用量为油重的 2%～5%，残留油脂一般为活性白土量的 20%～50%，从而增加了炼耗和成本。

　　凹土用于食用油脱色，不易形成油脂行业俗称的"白土味"和发生回色回味现象，油品风味、氧化稳定性明显优于湿法膨润土，与高档吸附剂 Trisyl 二氧化硅、活性炭相当。

　　油脂的返色是指食用油经过灌装、运输、长期储存，其色泽会由浅变深的现象，这在一定程度上会影响油脂的品质。引起油脂返色的原因很多，主要有：原料因素（青、绿豆未成熟豆、霉变原料或者高水分原料），油脂色素的氧化、异构化；低分子色素的聚合；油脂氧化、异构化；油脂中金属活性物质；油脂中的光敏物质和残存的磷脂。应通过改善工艺尽可能除去引起油脂氧化的物质。通过油脂精炼除去油脂中的磷脂和光敏物质；采用不锈钢设备，减少油脂中的铁离子；通过油脂的氢化减少油脂中的不饱和甘油三酸酯，但是此工艺在实际生产中应用不多；在灌装时尽可能除去瓶中的氧气，或者采用充氮技术，减少油脂的氧化；在实际生产中也可以添加食品级抗氧化剂，可以起到防止氧化、延长返色时间的作用。此外，吸附脱色剂的用量对油脂稳定性也有着非常显著的影响（图 7-7）。

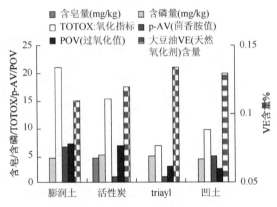

图 7-7　吸附剂对微量组分和稳定性的影响

图 7-8 展示的是吸附材料活性度与脱色性能、油脂品质及稳定性的关系。通过建立脱色过程中油脂氢过氧化物生成、吸附和催化分解的动态模型，发现吸附剂活性度是影响油品氧化稳定性关键因素（图 7-9）。吸附材料表面酸活性位点多时活性度就高，不饱和脂肪酸就更易发生氢过氧化物转变和表面酸活性点催化的异构化反应，并衍生形成反式脂肪酸、二聚酸、环烯酸、呋喃类等副产物，从而影响食用油的品质与安全性。活性度越高，形成副产物种类越多且含量越高，油品稳定性和安全性就越差。高酸高温活化膨润土活性度达 220H$^+$mmol/kg，干法活化凹土活性度则不足 40H$^+$mmol/kg，后者赋予脱色油更优异的品质和安全性。

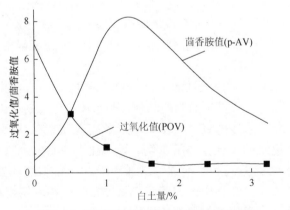

图 7-8　白土量与过氧化值及茴香值的关系

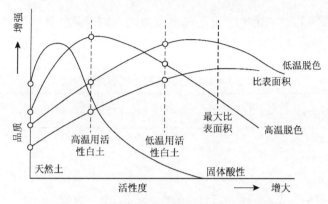

图 7-9　活性度与油品吸附处理品质的关系

综上所述，具有适度结构微孔、纳米棒晶属性和低活性度的凹土是更理想的吸附脱色材料。值得注意的是，凹土成因及加工工艺对凹土的吸附脱色性能影响非常大。

7.2.3　基于凹土的油脂脱色剂

从纳米尺度分析凹土的形貌、成分、结构特征（图 7-10），可以发现赋予凹土多种特殊性能的"纳米孔"和特殊晶体结构，以及影响其性能充分发挥的纳米孔道、晶体排列和表面性质等缺陷。图 7-11 展示了凹土的孔径在 0.5～20nm，其中，孔径在 0.5～1.3nm 的微孔较发达，其次为 1.3～2.0nm 的微孔，大于 2.0nm 的孔径则相对较少。正是这种"纳米孔"和特殊链层状晶体结构使凹土具有吸附性、胶体性、补强性和载体性。

图 7-10　凹凸棒土的 TEM 图

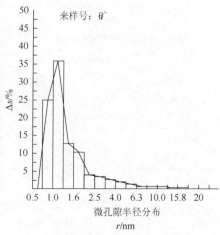

图 7-11　凹凸棒土的孔径分布

此外，我国苏皖矿带的凹土不仅储量最大，而且品位最佳。表 7-2 和表 7-3 是江苏盱眙凹土脱色力及与凹土主要生产国美国的凹土脱色情况比较。

表 7-2　盱眙凹凸棒石黏土脱色力的测试

取样地点	样品号	原土脱色力	4%盐酸活化脱色力	20%盐酸活化脱色力	4%盐酸活化脱色力比原土提高/%
龙王山	0924	77.27	258.6	154	234.6
雍小山	0411Y1	90.43	257.6	113.8	184.9
仇集	1009	181.9	319.2	94.18	75.5
雍小山	0924	93.16	258.6	94.82	177.6
仇集	1009	148.0	293.4	83.51	98.2
小珠山	1125	63.95	267.8	111.0	318.8
平均值	—	109.12	275.87	108.55	152.8

注：由江苏省地质矿产测试应用研究所测试，采用标准土的脱色力为 114。

表 7-3　盱眙凹凸棒石黏土与美国产品脱色能力的比较

产地	样号	菜籽油			酱油		
		叶绿素	红	黄	叶绿素	红	黄
中国盱眙	00901MY	57	1.9	34	14	2.8	70
中国盱眙	00903HL	47	1.8	29	12	2.7	70
中国盱眙	2402LW	115	2.8	60	18	4.4	70
中国盱眙	2403YX	108	2.6	50	23	4.4	70
中国盱眙	2501	87	2.7	65	15	5.0	70
中国盱眙	11Y1	127	2.5	50	21	4.5	70
美国	F10	52	2.1	33	—	—	—
美国	Pro-Active	192	2.6	38	—	—	—
美国	Perform4000	126	2.3	36	—	—	—
美国	OptimumFF	106	2.4	38	—	—	—
美国	B-80				13	3.7	70
美国	F105SF	—	—	—	21	4.8	70
中国平均	—	90.2	2.38	48	17.17	3.97	70
美国平均	—	119	2.35	36.25	17	4.25	70

在对凹土物理改性系统研究的基础上，逐渐发展出借助于捏合和挤压的低酸解聚、结合中温活化，实现扩孔、再生的油脂专用吸附剂生产新技术。处理后凹土的孔径发生了明显的变化，小于 1.3nm 的微孔明显减少，而 2.0～20nm 的孔道

明显增加（图 7-12），而此类孔道的增加对油脂脱色是非常有利的，符合油脂脱色吸附材料所需的适度孔径吸附模型要求。其对油脂的吸附脱色呈现表面吸附和内孔扩散的两段吸附特点，微孔优先吸附影响食用油稳定性的二级氧化产物醛、酮等小分子物质，中孔选择性吸附色素、磷脂、残皂等较大的分子，使吸附效率大大提高，而层状结构的膨润土则不具备此特性。

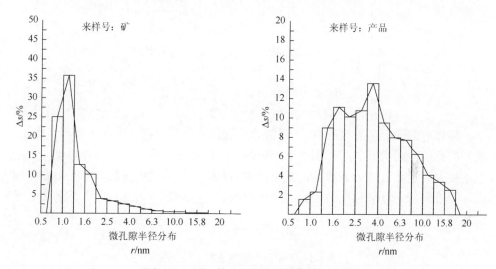

图 7-12　凹凸棒土扩孔前后的孔径分布图

对天然凹土进行超低酸量（2kg/t 土）挤压捏合、强制渗透活化处理，在机械破坏晶体纤维胶结物的同时强化无机酸的渗透与反应，在酸作用下，碳酸盐类、氧化物类非黏土类胶结物分解，高效分解胶结物，使凹土纤维束解聚而凹凸棒晶体结构仍然保持，实现晶束解聚和微纳米孔道的复生与扩生，如图 7-13 所示。

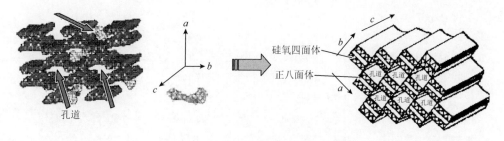

图 7-13　凹土结构中胶结物溶出示意图

中温（200℃左右）活化技术，脱除结构内的自由水、沸石水和部分结晶水，八面体晶体结构中更多的表面断键暴露出来，出现更多的电荷分布点，同时也使更多孔道结构得以恢复，使更多孔道结构得以恢复和扩容，微孔孔径适度扩大。热处理对凹土中水的脱除影响如图 7-14 所示。

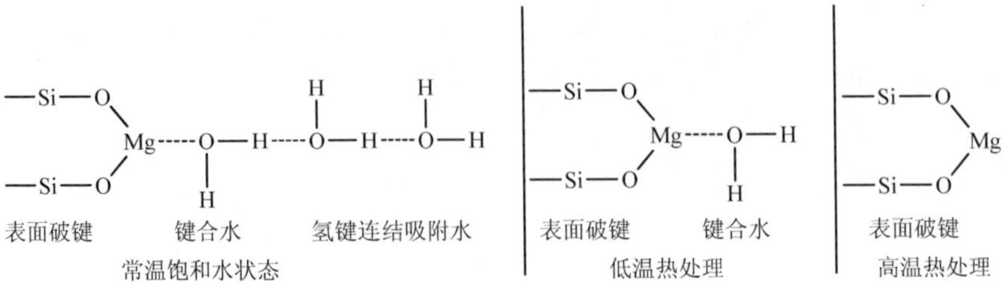

图 7-14　热处理对凹土中水的影响

酸化后的凹土称为吸附白土，而酸化后的膨润土通常称酸性白土或活性白土。油脂脱色的应用研究表明：吸附白土吸附容量明显优于活性炭和活性白土，吸附色素能力经过改性后大大增强，且在食用油脱色机理研究中发现，凹土对食用油破坏程度最低，过氧化值、酸价、氧化指数等指标均优于传统白土，具体比较数据如表 7-4 和表 7-5 所示。

表 7-4　吸附白土和酸性白土的比较

项目	吸附白土	酸性白土	吸附白土与酸性白土比较
脱色力	≥230	≥150	好
脱色率	≥90%	≥90%	相当
耗酸量	≤4%	20%	少
酸水排放量	无	60t/t	无
游离酸	≤0.08	≤0.2	低
残油率	8%～11%	20%	低
价格	低	高	低
油品返色	不会	会	好
脱去黄曲霉素	100%	不能 100%	好
对环境影响	无害	有害	好
属性	天然物质稳定	化学物质不稳定	好
脱色后油品酸价	下降	升高	低
吸味性能	强	差	强
金属离子吸附	强	差	强
选择吸附能力	强	差	强

表 7-5　吸附白土与酸性白土对 12 种油脱色比较

项目 \ 油类	茶油	亚油	菜油	棉油	玉米胚油	花生油	豆油	小麻油	蓖麻油
波长	490	520	510	510	450	450	520	520	520
比色池	0.5	0.5	0.5	0.5	1	1	1	0.5	0.5
吸附白土脱色力	165	188	194	≥342	≥342	234	125	129	171
酸性白土脱色力	120	114	130	112	74	113	112	114	120
吸附白土比酸性白土提高/%	37.50	66.87	49.23	≥265	≥362	187.68	11.61	18.00	42.50

　　活化的酸采用硫酸、盐酸、硝酸、磷酸及某些有机酸等，因使用硫酸成本相对较低，实际生产中用得较多的是硫酸，大多用 95%～98%的浓硫酸稀释成所需浓度使用。酸的加入量在 0.1%～5%（以干土计），根据具体情况而定。酸法生产为了使原料得到充分活化，加酸量就要大一些，使其反应能充分进行，但这易使产品中游离酸量增大。为减少游离酸的量，而用大量水洗，这就是所谓的湿法。干法不用水洗，它所加的酸量必须严格控制，使其量处于活化消耗的酸量，游离酸控制在 0.2%以下。加酸量太小，活化不充分，脱色率不高；加酸量太大，游离酸含量超标。因此，要在保证游离酸不超标的前提下尽量多加酸，使其活化更充分一些。在酸度适合的条件下，活化的效果与反应进行的程度有关，即反应的温度、时间都会影响凹凸棒石黏土中的杂质去除是否完全及 H^+ 置换的情况，这将直接影响吸附白土活化质量。在实际操作时要根据各地凹凸棒石黏土的成分，通过实验确定各种参数。凹凸棒石黏土酸活化工艺如图 7-15 所示。

$$剥离 \xrightarrow{(1)} 采矿 \xrightarrow{(2)} 运输 \longrightarrow 计量堆放 \xrightarrow{(3)} 干燥 \longrightarrow 破碎$$
$$\xrightarrow{(4)} 搅拌 \xrightarrow{(5)} 对辊 \xrightarrow{(6)} 挤压 \xrightarrow{(7)} 对辊 \longrightarrow 堆放活化 \xrightarrow{(8)} 煅烧$$
$$\xrightarrow{(9)} 磨粉机磨粉 \xrightarrow{(10)} 计量包装 \xrightarrow{(11)} 入库$$

图 7-15　凹凸棒石黏土半干法酸活化工艺流程

控制点说明如下。

（1）对层面原矿进行测试，适合做什么产品，由技术部门做出判定，若原矿层状清楚，则按自然层状采矿，分采、分运、分放。

（2）运输工具必须清洁，不得有任何杂物混进土中，计量堆放时要按原矿的品级分别堆放，品级由化验室判定，堆放由生产部门负责分堆。

（3）干燥采用自然干燥和机器干燥，水分控制在 20%左右。

（4）破碎后粒度在 5mm 以下。

（5）添加酸量由技术部实验确定，一般在 1%～4%，液固比在 0.25～0.6。

（6）一次对辊间隙≤3mm，二次对辊间隙≤2mm，土的含水量应在 35%～45%。

（7）一方面进行拌匀和分散，另一方面进一步完成化学反应。

（8）堆放活化让其充分反应 24h 以上。

（9）在煅烧炉中进行，温度在 400℃以上，煅烧时间不低于 20min，最佳温度和时间由实验获得。

（10）磨粉机磨粉，磨粉机应采用 4R 磨粉机为宜，要有合理的粒度分布。

（11）按标准执行。

与传统油脂吸附剂生产工艺相比，凹土油脂脱色剂硫酸用量由每吨产品 500kg 下降到 2kg，废水排放由 60t/t 产品到零排放，产品吸蓝量由 8g/100g 提高到 11g/100g、微孔孔径由 0.5～2.5nm 扩大到 0.5～20nm，指标优于国外同类产品，在油脂脱色过程中表现出吸附能力强、过滤速度快、低破坏性等优点。

7.2.4　未来的凹土吸附脱色市场

脱色吸附剂对不同类型食用油的脱色效果差异性很大，凹土油脂吸附脱色剂对大豆油具有良好的脱附效果，但对动物油脂和棕榈油脱色情况不佳。如何针对具体油脂吸附脱色需要，改进脱色吸附剂的原料选择和加工工艺，是油脂脱色吸附剂生产领域提升技术和拓展应用空间的主要工作。在油脂精炼的脱臭环节中，高温和真空的环境虽然消除了一些有害物质，同时不可避免地增加了聚合甘油酯等反式酸，也流失了一部分维生素 E、磷脂等有益物质，油脂脱色吸附剂对改善上述现状仍有很大潜在空间可以发掘，其未来的技术发展应更多在于选择性吸附分离效率的提升。此外，食用油脂的精炼仅为吸附脱色市场的一部分。我国的石油炼化规模已达 6 亿 t，活性白土已经在部分领域有一定的应用。初步调研工作表明，吸附白土的低催化活性和高吸附能力使其具有更好的应用优势，针对性的吸附脱色产品开发具有迫切的市场需求和广大的市场拓展空间。

参 考 文 献

阿弗杜辛. 1956. 粘土沉积岩. 周鸿生译. 北京：地质出版社

包军杰，余贵芬，牛牧晨. 2007. 邻硝基苯酚在有机改性凹凸棒土上的吸附行为. 环境化学，26
　　（3）：339-342

布莱得利. 1959. 粘土矿物的晶体构造与伦琴射线鉴定法. 邵克忠译. 北京：科学出版社

陈天虎，史晓莉，彭书传，等. 2004. 水悬浮体系中凹凸棒石与 Cu^{2+} 作用机理. 高校地质学报，
　　10（3）：381-392

陈天虎. 2004. 苏皖凹凸棒石黏土纳米矿物学及地球化学. 北京：科学出版社

丁超，何慧，洪浩群，等. 2004. 不同改性蒙脱土对聚丙烯/蒙脱土纳米复合材料性能的影响. 材
　　料科学与工程学报，22（5）：746-749

郭艳芹，占会云，张正国，等. 2010. 十八烷/膨润土复合相变储热材料的制备及性能研究. 材料
　　导报，24（16）：341-343

何满潮. 2006. 中国煤矿软岩粘土矿物特征研究. 北京：煤炭工业出版社

季桂娟，张培萍，姜桂兰. 2013. 膨润土加工与应用. 2 版. 北京：化学工业出版社

姜桂兰，张志军，薛兵. 2014. 高岭土加工与应用. 北京：化学工业出版社

金叶玲，钱运华，陈静，等. 2005. 凹凸棒石粘土在双组分聚氨酯涂料中的应用. 应用化工，34
　　（10）：601-603

金叶玲，钱运华，程晓春，等. 2005. 改性白云石凹凸棒土在橡胶中填充的可行性探讨. 南京理
　　工大学学报（自然科学版），29（6）：720-723

莱方德. 1984. 工业矿物和岩石：除燃料之外的非金属矿. 4 版. 叶立鑫等译. 北京：中国建筑工
　　业出版社

朗斯塔夫. 1985. 粘土矿物和资源地质学. 邢顺涩等译. 哈尔滨：黑龙江科学技术出版社

李凤生，杨毅. 2002. 纳米/微米复合技术及应用. 2 版. 北京：国防工业出版社

刘钦甫，张玉德，李和平，等. 2006. 纳米高岭土/橡胶复合材料的性能研究. 橡胶工业，53（9）：
　　525-529

刘显东，李磊，张弛，等. 2015. 黏土矿物-水界面的量子力学模拟研究. 矿物岩石地球化学通报，
　　34（3）：453-460

刘耘. 2013. 国内理论及计算地球化学十年进展. 矿物岩石地球化学通报，32（5）：531-543

陆佳. 2015. 基于凹土的 pH 敏感型 Pickering 乳化剂的研究. 淮安：淮阴工学院硕士学位论文

梅罗. 1980. 海洋矿物资源. 马孟超等译. 北京：地质出版社

彭琪瑞. 1963. 中国粘土矿物研究. 北京：科学出版社

任磊夫. 1992. 粘土矿物与粘土岩. 北京：地质出版社

孙维林. 1992. 黏土理化性能. 北京：地质出版社

唐衡楚. 1957. 数种粘土矿物的比较研究. 北京：科学出版社

万朴，周玉林，彭同讧，等. 1992. 非金属矿产物相及性能测试与研究. 武汉：武汉工业大学出版社

王鸿禧，樊素兰，俞永刚，等. 1993. 矿物饲料添加剂和饲料矿物资源. 北京：科学出版社

王宗良. 1978. 中国粘土矿物的电子显微镜研究. 北京：地质出版社

武卫莉，张广信，于明磊. 2010. 高岭土填充橡胶共混物的性能及表征. 弹性体，20（5）：64-69

武占省，张胜琴，胡海纯，等. 2009. 微波合成有机膨润土对苯、甲苯和二甲苯吸附性能研究. 非金属矿，32（4）：59-61

席国喜，杨文洁. 2009. 硬脂酸/改性硅藻土复合相变储能材料的制备及性能研究. 材料导报，23（8）：45-47

向阳，范瑾初，高延耀. 1995. 胶联蒙脱土对水中有机优先污染物的静态吸附研究. 同济大学学报（自然科学版），23（4）：408-412

谢淑红，潘俊安，潘勇，等. 2014. 一种基于沸石的锂硫电池正极材料及其制备和应用方法. CN103715392A

须藤俊男. 1981. 粘土矿物学. 严寿鹤译. 北京：地质出版社

徐昶. 1993. 中国盐湖粘土矿物研究. 北京：科学出版社

徐光年. 1989. 天然矿物凹凸棒石粘土在电池中的应用. 能源工程，9（4）：35-36

徐立铨. 1999. 非金属矿行业指南. 北京：中国建材工业出版社

许冀泉. 1956. 粘土矿物与土壤. 北京：地质出版社

许冀泉，方邺森. 1982. 黏土矿物的分类和名称. 硅酸盐通报，1（3）：1-8

杨雅秀，张乃娴. 1994. 中国粘土矿物. 北京：地质出版社

张长森. 2012. 无机非金属材料工程案例分析. 上海：华东理工大学出版社

张乃娴，李幼琴，赵惠敏，等. 1990. 粘土矿物研究方法. 北京：科学出版社

张启卫，章永化，周文富，等. 2002. 改性凹凸棒土填充硬质 PVC 的制备与性能研究. 中国塑料，16（9）：49-52

张世雄. 2010. 固体矿物资源开发工程. 武汉：武汉理工大学出版社

张以河. 2013. 矿物复合材料. 北京：化学工业出版社

张玉德，刘钦甫，李和平，等. 2011. 高岭土/白炭黑并用填充天然橡胶复合材料的性能. 高分子材料科学与工程，27（3）：87-91

赵美芝，邵宗臣，邓友军，等. 2001. 有机粘土的特性及其对肥料养分的缓释作用. 矿物学报，21（2）：189-195

赵杏媛，张有瑜. 1990. 粘土矿物与粘土矿物分析. 北京：海洋出版社

郑翰. 2012. 黏土基复合相变储热材料的制备及性能研究. 兰州：兰州理工大学硕士学位论文

郑水林，袁继祖. 2005. 非金属矿加工技术与应用手册. 北京：冶金工业出版社

郑水林. 2013. 非金属矿加工与应用. 3 版. 北京：化学工业出版社

Anchena J J, Ackermannap D. 2005. Calorimetric investigation on zeolites, AlPO$_4$'s and CaCl$_2$ impregnated attapulgite for thermochemical storage of heat. Thermochimica Acta, 434（1-2）：37-41

Ashby N P, Binks B P. 2000. Pickering emulsions stabilised by laponite clay particles. Physical Chemistry Chemical Physics, 2（24）：5640-5646

Bailey L, Keall M. 1994. Effect of clay/polymer interactions on shale stabilization during drilling. Langmuir, 10（5）：1544-1549

Basaldella E I, Tara J C. 1995. Synthesis of LSX zeolite in the Na/K system: Influence of the Na/K ratio. Zeolites, 15 (3): 243-246

Bergaya F, Lagaly G. 2013. Handbook of Clay Science. 2nd ed. Amsterdam: Elsevier

Bharadwaj S K, Boruah P K, Gogoi P K. 2014. Phosphoric acid modified montmorillonite clay: A new heterogeneous catalyst for nitration of arenes. Catalysis Communications, 57: 124-128

Bickmore B R, Rosso K M, Nagy K L, et al. 2003. Ab initio determination of edge surface structures for dioctahedral 2 : 1 phyllosilicates: Implications for acid-base reactivity. Clays and Clay Minerals, 51 (4): 359-371

Binks B P, Clint J H, Whitby C P. 2005. Rheological behavior of water-in-oil emulsions stabilized by hydrophobic bentonite particles. Langmuir, 21 (12): 5307-5316

Cai X, Zhang J, Ouyang Y, et al. 2013. Bacteria-adsorbed palygorskite stabilizes the quaternary phosphonium salt with specific-targeting capability, long-term antibacterial activity, and lower cytotoxicity. Langmuir, 29 (17): 5279-5528

Campbell K, Craig D Q M, McNally T. 2008. Poly(ethylene glycol)layered silicate nanocomposites for retarded drug release prepared by hot-melt extrusion. International Journal of Pharmaceutics, 363 (1): 126-131

Carretero M I. 2002. Clay minerals and their beneficial effects upon human health. A review. Applied Clay Science, 21 (3): 155-163

Carretero M I, Pozo M. 2009. Clay and non-clay minerals in the pharmaceutical industry: Part I. Excipients and medical applications. Applied Clay Science, 46 (1): 73-80

Cauvin S, Colver P J, Bon S A F. 2005. Pickering stabilized miniemulsion polymerization: Preparation of clay armored latexes. Macromolecules, 38 (19) : 7887-7889

Chakraborty A K. 2014. Phase Transformation of Kaolinite Clay. New York: Springer

Chen J, Ding S J, Jin Y L, et al. 2013. Semidry synthesis of the poly (acrylic acid) /palygorskite superabsorbent with high-percentage clay via a freeze-thawe-xtrusion process. Journal of Applied Polymer Science, 128: 1779-1784

Chen J, Jin Y L, Qian Y H, et al. 2010. A new approach to efficiently disperse aggregated palygorskite into single crystals via adding freeze process into traditional extrusion treatment. IEEE Transactions on Nanotechnology, 9 (1): 6-10

Chen T H, Liu H B, Li J H, et al. 2011. Effect of thermal treatment on adsorption desorption of ammonia and sulfur dioxide on palygorskite: Change of surface acid-alkali properties. Chemical Engineering Journal, 166 (3): 1017-1021

Churakov S V, Dahn R. 2012. Zinc adsorption on clays inferred from atomistic simulations and EXAFS spectroscopy. Environmental Science and Technology, 46 (11): 5713-5722

de Faria E, Nassar E, Ciuffi K, et al. 2011. New highly luminescent hybrid materials: Terbium pyridine-picolinate covalently grafted on kaolinite. ACS Applied Materials and Interfaces, 3 (4): 1311-1318

Depan D, Kumar A P, Singh R P. 2006. Preparation and characterization of novel hybrid of chitosan-g-lactic acid and montmorillonite. Journal of Biomedical Materials Research Part A, 78 (2): 372-382

Detellier C，Schoonheydt R A. 2014. From platy kaolinite to nanorolls. Elements，10（3）：201-206

Dong Y，Feng S. 2005. Poly(D，L-lactide-co-glycolide)/montmorillonitenanoparticles for oral delivery of anticancer drugs. Biomaterials，26（30）：6068-6076

Duan Z H，Sun R. 2006. A model to predict phase equilibrium of CH_4 and CO_2 clathrate hydrate in aqueous electrolyte solutions. American Mineralogist，91：1346-1354

Duque-Redondo E，Manzano H，Epelde-Elezcano N，et al. 2014. Molecular forces governing shear and tensile failure in clay-dye hybrid materials. Chemistry of Materials，26（15）：4338-4345

Emerson W W. 1956. Liquid crystals of Montmorillonite. Nature，178（4544）：1248-1249

Gabriel J C，Sanchez C，Davidson P. 1996. Observation of nematic liquid-crystal textures in aqueous gels of smectite clays. Journal of Chemical Physics，100（26）：11139-11143

Gao X Y，Zhong H，Yao G D，et al. 2016. Hydrothermal conversion of glucose into organic acids with bentonite as a solid-base catalyst. Catalyst Today，274：49-54

Ghosh B，Agrawal D C，Bhatia S. 1994. Synthesis of zeolite a from calcined diatomaceous clay：Optimization studies. Industrial and Engineering Chemistry Research，33（9）：2107-2110

Jiang J L，Duanmu C S，Yang Y，et al. 2014. Synthesis and characterization of high siliceous ZSM-5 zeolite from acid-treated palygorskite. Powder Technology，251：9-14

Johnson E B G，Arshad S E. 2014. Hydrothermally synthesized zeolites based on kaolinite：A review. Applied Clay Science，97-98：215-221

Jung Y，Son Y，Lee J，et al. 2011. Rheological behavior of clay-nanoparticle hybrid-added Bentonite suspensions：Specific role of hybrid additives on the gelation of clay-based fluids. ACS Applied Materials and Interfaces，3（9）：3515-3522

Kalaga K，Rodrigues M T F，Gullapalli H，et al. 2015. Quasi-solid electrolytes for high temperature lithium ion batteries. ACS Applied Materials and Interfaces，7（46）：25777-25783

Karen S，Aurélie F. 2015. Calcined Clays for Sustainable Concrete. New York：Springer

Kawasumi M，Hasegawa N，Usuki A，et al. 1999. Liquid crystal/clay mineral composites. Applied Clay Science，15（1）：93-108

Kremleva A，Kruger S，Rosch N. 2008. Density functional model studies of uranyl adsorption on （001）surface of kaolinite. Langmuir，24：9515-9524

Kurian M，Babu R. 2013. Iron aluminium mixed pillared montmorillonite and the rare earth exchanged analogues as efficient catalysts for phenol oxidation. Journal of Environmental Chemical Engineering，1：86-91

Lagaly G，Reese M，Abend S. 1999. Smectites as colloidal stabilizers of emulsions：Ⅱ. Rheological properties of smectite-laden emulsions. Applied Clay Science，14（5）：279-298

Lai S Q，Li T S，Liu X J，et al. 2004. A study on the friction and wear behavior of PTFE filled with acid treated nano-attapulgite. Macromolecular Materials and Engineering，289（10）：916-922

Langmuir I. 1938. The role of attractive and repulsive forces in the formation of tactoids thixotropic gels，protein crystals and coacervates. Journal of physical Chemistry，6（12）：873-896

Lee S M，Tiwari D. 2012. Organo and inorgano-organo-modified clays in the remediation of aqueous solutions：An overview. Applied Clay Science，59-60：84-102

Lefaix M，Drouet Y，Schatz B. 1985. Sodium glycodcoxycholate and sprinability of gastrointestinal mucous: Protective effect of smectite. Gastroenterology, 88 (2): 1369-1370

Li B, Zhang J. 2016. Durable and self-healing superamphiphobic coatings repellent even to hot liquids. Chemical Communications, 52 (13): 2744-2747

Li X, Yin Y, Yao C, et al. 2016. La1-xCe$_x$MnO$_3$/attapulgite nanocomposites as catalysts for NO reduction with NH$_3$ at low temperature. Particuology, 26 (3): 66-72

Lin F H, Lee Y H, Jian C H, et al. 2002. A study of purified montmorillonite intercalated with 5-fluorouracil as drug carrier. Biomaterials, 23 (9): 1981-1987

Liu H H, Zhao H J, Gao X H, et al. 2007. A novel FCC catalyst synthesized via in situ overgrowth of NaY zeolite on kaolin microspheres for maximizing propylene yield. Catalysis Today, 125 (3): 163-168

Liu X D, Cheng J, Michiel S, et al. 2014. Surface acidity of 2 : 1-type dioctahedral clay minerals from first principles molecular dynamics simulations. Geochimica et Cosmochimica Acta, 140: 410-417

Lu J, Tian X X, Jin Y L, et al. 2014. A pH responsive Pickering emulsion stabilized by fibrous palygorskite particles. Applied Clay Science, 102: 113-120

Machado G S, Wypych F, Nakagaki S, et al. 2008. Immobilization of metalloporphyrins into nanotubes of natural halloysite toward selective catalysts for oxidation reactions. Journal of Molecular Catalysis A: Chemical, 283 (1): 99-107

Mao H H, Li B S, Yue L W, et al. 2011. Aluminated mesoporous silica-pillared montmorillonite as acidic catalyst for catalytic cracking. Applied Clay Science, 53 (4): 676-683

Marray H H. 2000. Traditional and new applications for Kaolin, smectite and palygorskite: A general overview. Applied Clay Science, 17 (5-6): 207-221

Meunier A. 2005. Clays. New York: Springer

Michot L J, Bihannic I, Maddi S, et al. 2006. Liquid-crystalline aqueous clay suspension. Proceedings of the National Academy of Science, 103 (44): 16101-16104

Murray H H. 1999. Applied clay mineralogy today and tomorrow. Clay Minerals, 34 (1): 39-49

Nonomura Y, Kobayashi N. 2009. Phase inversion of the Pickering emulsions stabilized by plate-shaped clay particles. Journal of Colloid and Interface Science, 330 (2): 463-466

Occelli M L, Robson H E. 1992. Expanded Clays and Other Microporous Solids. New York: Springer

Owoseni O, Zhang Y, Su Y, et al. 2015. Tuning the wettability of Halloysite Clay Nanotubes by surface carbonization of optimal emulsion stabilization. Langmuir, 31 (51): 13700-13707

Park M, Kim I S, Choi C L, et al. 2005. Characteristics of nitrogen release from synthetic zeolite Na-P1 occluding NH$_4$NO$_3$. Journal of Controlled Release, 106 (1): 44-50

Peng L, Zhou L, Li Y, et al. 2011. Synthesis and properties of waterborne polyurethane/attapulgite nanocomposites. Composites Science and Technology, 71 (10): 1280-1285

Pickering S U. 1907. Emulsions. Journal of the Chemical Society, Transactions, 91: 2001-2021

Podsiadlo P, Kaushik A K, Arruda E M, et al. 2007. Ultrastrong and stiff layered polymer nanocomposites. Science, 318 (5847): 80-83

Sadek O M, Mekhamer W K. 2000. Ca-montmorillonite clay as thermal energy storage material. Thermochimica Acta, 363 (1): 47-54

Scrivener K，Favier A. 2015. Calcined Clays for Sustainable Concrete. New York：Springer

Shao H，Chen J J，Zhong J，et al. 2015. Development of MeSAPO-5 molecular sieves from attapulgite for dehydration of carbohydrates. Industrial and Engineering Chemistry Research，54（5）：1470-1477

Shu Z，Li T T，Zhou J，et al. 2016. Mesoporous silica derived from kaolin：Specific surface area enlargement via a new zeolite-involved template-free strategy. Applied Clay Science，123：76-82

Stucki J W，Banwart W L. 1980. Advanced Chemical Methods for Soil and Clay Minerals Research. New York：Springer

Thieme J，Abend S，Lagaly G. 1999. Aggregation in Pickering emulsions. Colloid and Polymer Science，277（2-3）：257-260

Uddin M K，Akhtar J，Amina N A S，et al. 2017. A review on the adsorption of heavy metals by clay minerals，with special focus on the past decade. Chemical Engineering Journal，308：438-462

USP. 2010. United States Pharmacopeia and National Formulary（USP 33-NF-28）. Vol 1. Rockville：United States Pharmacopeia Convention

Velde B. 1995. Origin and Mineralogy of Clays. New York：Springer

Wang F，Tang Q，Liang J. 2009. Preparation and properties of nanocomposites containing polypropylene and palygorskite. Advanced Materials Research，58：97-102

Wang H F，Zhang L，Yang Y F，et al. 2016. One-pot synthesis of cyclohexanone oxime from cyclohexanol on a single site multifunctional catalyst：$H_3PW_{12}O_{40}$ incorporated on exfoliated montmorillonite. Catalysis Communications，87：27-31

Wang W，Wang A. 2016. Recent progress in dispersion of palygorskite crystal bundles for nanocomposites. Applied Clay Science，119：18-30

Xiong J，Hang C，Gao J，et al. 2014. A novel biomimetic catalyst templated by montmorillonite clay for degradation of 2, 4, 6-trichlorophenol. Chemical Engineering Journal，254：276-282

Yan N，Masliyah J H. 1994. Adsorption and desorption of clay particles at the oil-water interface. Journal of Colloid and Interface Science，168（2）：386-392

Yang F，Liu S，Xu J，et al. 2006. Pickering emulsions stabilized solely by layered double hydroxides particles：The effect of salt on emulsion formation and stability. Journal of Colloid and Interface Science，302（1）：159-169

Yasarawan N，van Duijneveldt J. 2008. Dichroism in dye-doped colloi-dal crystals. Langmuir，24：7184-7192

Yin H，Chen H，Chen D. 2010. Morphology and mechanical properties of polyacrylonitrile/attapulgite nanocomposite. Journal of Materials Science，45：2372-2380

Zhang J，He R，Liu X. 2013. Efficient visible light driven photocatalytic hydrogen production from water using attapulgite clay sensitized by CdS nanoparticles. Nanotechnology，24（50）：505401-505407

Zhang J，Liu X. 2014. Photocatalytic hydrogen production from water under visible light irradiation using a dye-sensitized attapulgite nanocrystal photocatalyst. Physical Chemistry Chemical Physics，16（18）：8655-8660

Zhang X J，Li J L，Lu X，et al. 2012. Visible light induced CO_2 reduction and Rh B decolorization over electrostatic-assembled AgBr/palygorskite. Journal of Colloid and Interface Science, 377 (1): 277-283

Zhang Y, Zhang J, Wang A. 2016. From Maya blue to biomimetic pigments: Durable biomimetic pigments with self-cleaning property. Journal of Materials Chemistry A, 4 (3): 901-907

Zhang Z, van Duijneveldt J S. 2006. Isotropic-nematic phase transition of nonaqueous suspensions of natural clay rods. The Journal of Chemical Physics, 124 (15): 622-624

Zheng J P, Luan L, Wang H Y. 2007. Study on ibuprofen/montmorilloniteintercal-ation composites as drug release system. Applied Clay Science, 36: 297-301

Zhou W, Liu H, Xu T T, et al. 2014. Insertion of isatin molecules into the nanostructure of palygorskite. RSC Advances, 4 (94): 51978-51983